Hans Häckel

WOLKEN

und andere Phänomene am Himmel

3., neu bearbeitete Auflage
173 Farbfotos
17 Grafiken

Inhalt

Vorwort

Wenn man seinen Blick zum Himmel oder in die Ferne richtet, was bekommt man zu sehen? Wolken, Wolken und nochmals Wolken. Zu 70 % ist der Himmel über Mitteleuropa im Jahresdurchschnitt mit Wolken bedeckt. Sie regen zum Schauen und Staunen an, lassen uns ins Schwärmen kommen. Sie können aber auch so bedrohlich werden, dass sie uns Angst einflößen. Wolken vermitteln nicht nur eine vielseitige Formenvielfalt und Ästhetik. Ihr Entstehen, ihre Veränderung oder ihr Verschwinden enthüllt oft genug verborgene, aber spannende und interessante Vorgänge in der Atmosphäre.

Bis ins 20. Jahrhundert hinein war für den Menschen der Blick zum wolkenübersäten Himmel eine der wichtigsten Informationsquellen über das bevorstehende Wetter. Angesichts von Computern und Satellitenbildern ist vielen Zeitgenossen das Verständnis für die Wolkenformen und ihre Aussagekraft verloren gegangen. Und das ist sehr schade, denn durch richtiges Deuten von Wolkenbildern und deren Veränderung kann man auch noch heute den Wetterbericht auf die lokalen Verhältnisse hin ergänzen und teilweise recht brauchbare Vorhersagen über die Wetterentwicklung in den nächsten Stunden treffen. Es ist also nicht nur interessant, sondern auch wertvoll, über sie Bescheid zu wissen.

Das Buch möchte Ihnen die Vielfalt der Wolkenbilder vorstellen und – soweit möglich und sinnvoll – zeigen, welche Schlüsse auf das zu erwartende Wetter man daraus ziehen kann. Es führt zunächst in einem kurzen, sehr verständlich gehaltenen Abriss in die Wolkenphysik ein. Im Hauptteil werden die einzelnen Wolkenformen mit zum Teil stereoskopischen Bildern vorgestellt und erläutert. In diesem Teil finden Sie auch Wolken, die in der hohen Atmosphäre oder durch technische Vorgänge entstanden sind, Wolkenformen bei Föhn und besondere Wolkenphänomene.

In der vorliegenden dritten Auflage wurde – den Wünschen der Leserschaft entsprechend – mehr als bisher darauf eingegangen, welches Wetter die verschiedenen Wolken erwarten lassen. Einige Bilder wurden durch aussagekräftigere ersetzt, wobei insbesondere solche Wolken gezeigt werden, die man bei uns regelmäßig zu sehen bekommt. Besondere Raritäten sind nicht enthalten, Hinweise auf entsprechende Literatur finden Sie aber im Literaturverzeichnis. Außerdem wurden verschiedene Texte um wichtige und interessante Informationen erweitert.

Ich bedanke mich bei allen, die mir ihre wertvollen Bilder zur Verfügung gestellt haben, sowie beim Verlag Eugen Ulmer für die stets angenehme und erfolgreiche Zusammenarbeit.

Ihnen, verehrte Leserinnen und Leser, wünsche ich, dass Ihnen das vorliegende Buch den Blick öffnen möge für die vielfältigen Formen und das spannende Geschehen am Wolkenhimmel.

Hans Häckel

Ein bisschen Wolkenphysik

Wasser in der Luft

Regen, Schnee und Hagel, aber auch Wolken und Nebel sind offensichtliche Zeichen dafür, dass in der Luft Wasser vorhanden ist. Wenn man aber an einem strahlenden Spätsommertag in den tiefblauen, wolkenlosen Himmel blickt, fällt es nicht unbedingt leicht, sich vorzustellen, dass auch in dieser kristallklaren Luft Wasser enthalten sein soll.

Und doch ist die Luft nie ganz trocken. Ein kleines Experiment kann das schnell beweisen: Gießen Sie doch einmal eine Flasche Bier – frisch aus dem Kühlschrank – ins Glas. Sofort können Sie beobachten, wie das Glas rundum beschlägt. Die winzigen Wassertröpfchen am Glas können nur aus der Luft stammen – und damit ist bewiesen, dass die Luft Wasser enthält! Warum hat man dann aber bisher nicht die geringste Spur davon gesehen? Weil das Wasser im dampfförmigen Zustand war. Im Gegensatz zum allgemeinen Sprachgebrauch bezeichnet man in der Meteorologie nicht das als Wasserdampf, was aus einem Dampfkessel herauszischt. Wasserdampf ist vielmehr „gasförmiges Wasser“, ein völlig durchsichtiger, farb- und geruchloser Bestandteil der Luft.

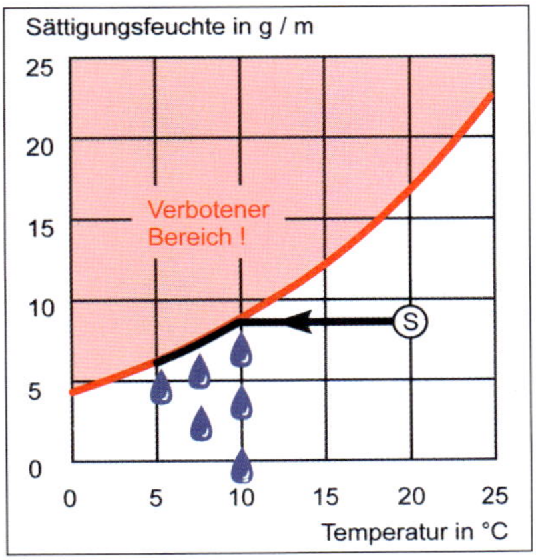

Feuchtediagramm

Kondensation des Wasserdampfes

Bei unserem Bier-Experiment ist es uns gelungen, einen Teil des Wasserdampfes zu verflüssigen. Die Ursache für die Verflüssigung ist in der Abkühlung der Luft am kalten Bierglas zu suchen. Luft kann immer nur eine bestimmte Höchstmenge an Wasserdampf enthalten, die man als **Sättigungsfeuchte** bezeichnet. Diese ist bei hohen Temperaturen deutlich größer als bei niedrigen.

In der Abbildung links ist der Zusammenhang grafisch dargestellt. An der waagerechten Achse (Skala) wird die Temperatur und an der senkrechten die Sättigungsfeuchte abgelesen. Die dicke rote Kurve beschreibt den Zusammenhang. Wie man sieht, nimmt die Sättigungsfeuchte mit steigender Temperatur sehr rasch zu.

Freilich muss die Luft nicht immer diese Höchstmenge an Wasserdampf enthalten, es kann auch weniger sein, aber es kann niemals mehr sein! Der Bereich oberhalb der Kurve darf daher als „verbotener Bereich“ bezeichnet werden.

Mit dieser Darstellung können wir bequem nachvollziehen, was an unserem Bierglas passiert ist. Nehmen wir an, die Luft sei 20 °C warm gewesen und habe je m^3 genau 8 g Wasserdampf enthalten. Das entspricht dem Diagrammpunkt (S). Als die Luft mit dem kalten Glas in Berührung kam, hat sie angefangen, sich abzukühlen. Wir können den Abkühlungsvorgang in unserer Grafik verfolgen, wenn wir die schwarze Kurve in Pfeilrichtung durchlaufen. Bis 10 °C herunter kann die Luft die in ihr enthaltenen 8 g Wasserdampf je m^3 problemlos festhalten. Unser Bier – frisch aus dem Kühlschrank – hatte aber nur etwa 5 °C, und auf diesen Wert kühlt sich auch die am Glas vorbeistreichende Luft ab. Da die Sättigungsfeuchte nicht überschritten werden darf – sonst würden wir ja in den „verbotenen Bereich" vorstoßen – muss unsere Kurve jetzt nach unten abknicken und sich im weiteren Verlauf an die Kurve der Sättigungsfeuchte anschmiegen. Das heißt aber nichts anderes, als dass Wasserdampf aus der Luft entfernt, also in Form von feinen Tröpfchen ausgeschieden werden muss. Die blauen Tropfen sollen den Vorgang symbolisieren. In der Meteorologie wird dieser Vorgang als **Kondensation** bezeichnet.

Das Gleiche wie am Bierglas passiert auch, wenn ein Wasserrohr schwitzt, die Brille beschlägt oder eine Fensterscheibe anläuft. Nachts, wenn sich die Pflanzen und der Boden abkühlen, bildet sich darauf Tau bzw. – bei Temperaturen unter 0 °C – Reif.

Die Temperatur, bei der die Kondensation einsetzt, heißt **Taupunkttemperatur** oder kurz **Taupunkt**. Bei unserem Bier-Experiment beträgt die Taupunkttemperatur also 10 °C.

Zusammenfassend kann man feststellen: Kühlt man Luft unter die Taupunkttemperatur ab, so wird ihre Fähigkeit, Wasserdampf mit sich zu führen, überfordert. Sie muss sich deshalb eines Teils davon entledigen. Dazu wird der überschüssige Wasserdampf zur Kondensation gebracht und die dabei entstehenden winzigen Tröpfchen ausgeschieden.

Kondensation in der freien Atmosphäre

Alle bisher betrachteten Kondensationsvorgänge haben sich an festen Oberflächen abgespielt: Am Bierglas, am Erdboden oder an Pflanzenblättern.

Abkühlung mit nachfolgender Kondensation kann aber auch in der **freien Atmosphäre** stattfinden. Unter freier Atmosphäre versteht man in der Meteorologie die von der Erdoberfläche und allem, was auf ihr steht, unbeeinflusste Atmosphäre. Die in der freien Atmosphäre entstehenden winzigen Wassertröpfchen bleiben in der Luft schweben und werden als Wolke (oder als Nebel) sichtbar.

Leider macht es uns die Natur bei der Kondensation in der freien Atmosphäre nicht so einfach wie bei der Kondensation an festen Oberflächen. Prinzipiell gilt natürlich das oben Gesagte auch dort: Wird Luft unter den Taupunkt abgekühlt, so muss ein Teil des in ihr enthaltenen Wasserdampfes kondensiert und ausgeschieden werden.

Auch hier erfolgt das Ausscheiden in Form von winzigen Tröpfchen, die in der Luft schweben bleiben. Aber diese frei schwebenden Tröpfchen haben es in sich! Kaum sind sie entstanden, setzt an ihnen eine Kraft an, die als **Oberflächenspannung** bezeichnet wird. Sie versucht die Oberfläche der Tröpfchen gewaltsam zu verkleinern (man kann

Vorkondensation in feuchter Luft

sich das so ähnlich vorstellen wie bei einem aufgeblasenen Luftballon, dessen Gummihaut sich zusammenzuziehen versucht). Dadurch steigt der Druck im Inneren der Tröpfchen. Die Folge: Einzelne Wassermoleküle werden regelrecht durch die Tröpfchenoberfläche hindurch nach außen gepresst und verschwinden in der Umgebung. Dabei werden die Tröpfchen kleiner und kleiner – bis nichts mehr von ihnen übrig ist! Jemand, der den Vorgang beobachtet, würde sagen: Die Tröpfchen sind verdunstet.

Aber wenn wir zum Himmel blicken, dann sehen wir jede Menge Wolken. Auf irgendeine Weise müssen sie doch zustande kommen?

Bei der Entstehung der Wolken wirken winzige Staubkörnchen mit, die in der Atmosphäre in unvorstellbarer Zahl herumschwirren. Selbst in den saubersten Reinluftgebieten der Erde findet man in jedem cm^3 Luft ungefähr 100 solche Partikel; verschmutzte Großstadtluft enthält bis zu 1 Million pro cm^3. Ihre Durchmesser betragen um 1 Tausendstel Millimeter (1 Tausendstel Millimeter wird als 1 Mikrometer bezeichnet und mit 1 µm abgekürzt), es gibt aber auch noch sehr viel kleinere Partikel. Die Meteorologen bezeichnen diese als **Aerosole**.

Bei den Aerosolteilchen handelt es sich größtenteils um Salzkriställchen. Sie werden bei Waldbränden und künstlichem Feuer, z. B. aus Heizkesseln und Automotoren, freigesetzt oder stammen aus Vulkanstäuben, aufgewirbelter Bodensubstanz oder aus der Gischt der Ozeane.

Salze haben eine bemerkenswerte Eigenschaft: Sie ziehen Wasser an! Das kann man gut beobachten, wenn man gewöhnliches Kochsalz in einem feuchten Kellerraum lagert. Aus dem fein rieselnden Pulver wird dann schnell eine matschige Masse. Und das Gleiche, was das Kochsalz im feuchten Keller macht, das machen auch die in der Luft schwebenden Salzkriställchen. Sie fangen den in Kondensation begriffenen Wasserdampf ein, noch bevor dieser Tröpfchen bilden konnte, und umgeben sich auf diese Weise mit einem Wassermantel.

Im Lauf der Zeit entstehen auf diese Weise winzige Tröpfchen – Tröpfchen, an denen wiederum die Oberflächenspannung angreift. Aber gegen die enorme Anziehungskraft des Salzes kommt sie nicht an. Im Gegenteil: Das Salz reißt weiteren Wasserdampf an sich, sodass die Tröpfchen weiter und weiter wachsen können. Dabei erreichen sie Durchmesser zwischen 10 und 20 μm, in hoch reichenden Wolken sogar 50–200 μm. Die Salzkristalle, die auf diese komplizierte Weise in der freien Atmosphäre eine Tröpfchenbildung und die Entstehung der Wolken ermöglichen, werden als **Kondensationskeime** oder **Kondensationskerne** bezeichnet.

Bei sehr warmer und feuchter Luft passiert das schon, ehe der eigentliche Kondensationsprozess eingesetzt hat. Es kommt dann zu einer sogenannten **Vorkondensation**, die sich in Form von Dunst bemerkbar macht. Die diesige Luft schwülheißer Sommernachmittage ist allgemein bekannt.

Vorkondensation kann auch als Vorstufe zur Wolkenbildung auftreten. Dann zeigen sich am Himmel Dunstschwaden, aus denen sich wenig später echte Wolken entwickeln. In der Abbildung auf Seite 7 ist eine solche Situation zu sehen: Die ersten Wolkenbildungen haben gerade eingesetzt.

Nicht nur die Kondensation von Wasserdampf ist in der freien Atmosphäre komplizierter als an festen Oberflächen, auch das Gefrieren von Wassertröpfchen zu Eiskristallen erfolgt nach diffizileren Gesetzmäßigkeiten. Aus diesem Grund gibt es in Wolken – was zunächst paradox erscheinen mag – sogenannte **unterkühlte Wassertröpfchen**. Das sind Wassertröpfchen, die trotz Temperaturen von unter 0 °C flüssig sind. Sie spielen in der Meteorologie eine wichtige Rolle. Deshalb wird im Folgenden jeweils vermerkt, wenn eine Wolke unterkühltes Wasser enthält.

Wie kommt es zu diesem Phänomen? Damit Wasser gefrieren kann, bedarf es sogenannter „Eiskeime". Denn Wasser kann nur gefrieren, wenn ein Aerosolteilchen mit einer Oberfläche zur Verfügung steht, auf die eine Eiskristall-Struktur „passt". Man hat schon unterkühlte Tropfen mit unter −35 °C beobachtet.

Interessanterweise gibt es nur relativ wenige Eiskeime. Das führt dazu, dass nicht jedes Wolkentröpfchen beim Abkühlen unter 0 °C einen „erhaschen" kann. So bleiben viele Tröpfchen flüssig, werden also zu „unterkühlten Tröpfchen".

Ihre wichtigste Rolle spielen unterkühlte Tröpfchen bei der Bildung von

Im Gegensatz zu Wolkentröpfchen sind Tautropfen durchsichtig.

Die Haare an den Distelsamen streuen das Sonnenlicht und scheinen auf diese Weise selbst hell aufzuleuchten.

Wie der Wasserstrahl an einem Hindernis in alle Richtungen umgelenkt wird, wird auch das Licht durch Streuung an feinen Partikeln in alle Richtungen verteilt.

Regen. Für einen Regentropfen müssen sich etwa 1 Million Wolkentröpfchen zusammenlagern. Das passiert z. B., wenn Wolkentröpfchen herunterfallen. Dabei haben sie stets unterschiedliche Fallgeschwindigkeiten. Je größer sie sind, desto schneller fallen sie. Deshalb stoßen sie mit kleineren – unter ihnen fallenden – zusammen und vereinigen sich dabei zu einem größeren, das dann noch schneller wird und immer mehr kleineren Tröpfchen „einfängt". Dieser Vorgang funktioniert aber nur innerhalb der sehr hohen, wasserreichen Wolken in den Tropen.

In unseren, den mittleren Breiten läuft die Regenbildung anders ab: Die Eiskriställchen saugen unterkühltes Wasser auf, wachsen dadurch und fallen herunter. In tieferen, wärmeren Luftschichten schmelzen sie und klatschen als Regentropfen am Boden auf. Der Vorgang ist sehr kompliziert. Interessierte finden Einzelheiten bei Häckel (2016) ab Seite 88 und 124.

Streuung

Betrachten wir die Tautropfen auf einem Blatt, wie sie die Abbildung Seite 8 zeigt, so fällt auf, dass diese völlig durchsichtig sind. Offensichtlich ist das bei einer Wolke anders. Wären auch die Wolkentröpfchen durchsichtig, könnte man Wolken nur mit Mühe oder vielleicht sogar überhaupt nicht erkennen. Ein Blick zum Himmel beweist aber das Gegenteil. Warum sind die Wolkentröpfchen im Gegensatz zu den Tautropfen undurchsichtig?

Das hängt mit ihrer Größe zusammen. Während die Tautropfen bis auf mehrere Millimeter anwachsen können, bringen es die meisten Wolkentröpfchen bestenfalls auf 20–50 µm (Seite 8). Tröpfchen dieser Größe machen sich durch **Streuung** des Sonnenlichtes bemerkbar.

Was versteht man unter Streuung und was geht dabei vor sich? Streuung ist ein sehr verbreitetes Phänomen. Sie tritt

Dieser Lichtfächer geht auf Streuung des Sonnenlichtes an Dunstteilchen zurück.

z. B. in Erscheinung, wenn der Lichtkegel einer Taschenlampe oder eines Beamers in staubiger Luft einen erkennbaren Widerschein hervorruft.

Zu Streuung kommt es immer dann, wenn ein Lichtstrahl auf sehr kleine Teilchen trifft. Ein Musterbeispiel für Lichtstreuung begegnet uns in den feinen Flughaaren an den Samen von Disteln oder Löwenzahn. Seitlich zur Sonne oder gegen die Sonne betrachtet entfalten sie, wie die Abbildung Seite 9 links zeigt, eine ungeahnte Leuchtkraft.

Die Lichterscheinung kommt dadurch zustande, dass ein Teil des auftreffenden Lichtes in die verschiedensten Richtungen umgelenkt wird. Man kann sich diesen Vorgang so ähnlich vorstellen, wie wenn man einen Wasserstrahl gegen ein Hindernis richtet. Dabei spritzt das Wasser nach allen Seiten auseinander, sodass man auch dann nass wird, wenn man neben dem Hindernis steht (Abb. Seite 9 rechts). Bei der Streuung des Lichtes ist es ganz ähnlich: Steht ein Beobachter seitlich neben dem streuenden Teilchen, so empfängt sein Auge einen mehr oder weniger großen Teil des gestreuten Lichtes. Für ihn wird das Teilchen scheinbar selbst zur Lichtquelle.

Schweben viele streuende Teilchen nebeneinander, so entsteht der Eindruck einer zusammenhängenden leuchtenden Fläche, wie wir das vom Erscheinungsbild der Wolken her kennen.

Dass auch das Blau des Himmels auf einen Streuungsvorgang zurückzuführen ist, sei nur am Rande bemerkt – wir werden später noch darauf zu sprechen kommen (Seite 174 und 179).

Eine Wolke ist also ein riesiger Haufen von winzigen kondensierten Wassertröpfchen oder Eiskriställchen, die sich durch Streuung des Sonnenlichtes bemerkbar machen. An den ausdünnenden Rändern der Wolken wird die Streuung oft besonders augenfällig.

Der gleiche Vorgang spielt sich ab, wenn einzelne Strahlen der hinter einer Wolke stehenden Sonne über den zerzausten und ausgefransten Wolkenrand hinweg in dunstige Luft fallen und dabei durch Streuung an den Dunstteilchen bizarre Lichtfächer entstehen lassen.

Bildung, Entwicklung und Auflösung der Wolken

Diese Vorgänge sind teilweise ziemlich kompliziert. Um sie verstehen zu können, müssen wir etwas ausführlicher auf sie eingehen.

Wolkenbildung

Abkühlung, so haben wir gesehen, ist ein Vorgang, der zur Kondensation des in der Luft vorhandenen Wasserdampfes führen kann. Wir müssen uns also – wollen wir die Entstehung der Wolken verstehen lernen – Gedanken darüber machen, welche Vorgänge in der freien Atmosphäre zu einer Abkühlung der Luft führen.

Wolkenbildung durch Hebung von Luft

Das Anheben von Luft in Höhen mit geringerem Luftdruck ist ein Abkühlungsvorgang. Und in der Tat ist das der Prozess, dem die meisten Wolken ihr Entstehen verdanken.

Beginnen wir mit unseren Überlegungen bei einer durch vielerlei Erfahrungen gestützten Tatsache: Auf den Bergen ist es normalerweise kälter als in den Tälern.

Einen überzeugenden Beweis dafür liefert der in nächster Nähe des Äquators gelegene **Kilimandscharo**. Obwohl an seinem Fuß ständig tropisch-heiße Temperaturen herrschen, trägt der etwa 5000 m hohe Berg jahraus, jahrein seine bekannte Schnee- und Eiskappe.

Dass die Temperatur mit der Höhe abnimmt, hat mit dem Luftdruck zu tun. Von vielen Vorgängen des täglichen Lebens her ist bekannt, dass sich Gase beim Zusammenpressen erwärmen. Man braucht nur an die Fahrradpumpe oder den Dieselmotor zu denken. Umgekehrt kühlen sich Gase ab, wenn der auf ihnen lastende Druck verringert wird und sie sich deshalb ausdehnen können. Im Kühlschrank und bei vielen anderen Kühleinrichtungen wird dieser Effekt technisch genutzt.

Nun ist aber der Luftdruck – und damit kommen wir wieder zu unseren Wolken zurück – nichts anderes als das Gewicht der auflastenden Luft. Je höher man in die Atmosphäre hinaufkommt, desto weniger Luft hat man noch über sich. Deshalb nimmt der Luftdruck mit der Höhe kontinuierlich ab: In 5500 m ist er auf die Hälfte, in 11 000 m auf ein Viertel des Meeresniveau-Wertes zurückgegangen. Und gleichzeitig mit dem Luftdruck sinkt auch die Lufttemperatur!

Es gibt eine ganze Reihe von Vorgängen, die entweder einzelne, begrenzte Luftvolumina, sogenannte **Luftpakete** oder aber ausgedehnte **Luftschichten** anheben oder zum Aufsteigen veranlassen.

Hebung von Luftpaketen infolge von Konvektion

Bei sonnigem Wetter nimmt die Erdoberfläche je nach Exposition, Untergrund, Bewuchs und Versiegelungsgrad innerhalb recht kleiner Areale höchst unterschiedliche Temperaturen an. Bei einschlägigen Untersuchungen hat man an einem Hochsommertag mit strahlendem Sonnenschein folgende Mittagstemperaturen gemessen:

Asphaltstraße	48 °C
Reifes Getreide	38 °C
Unbewachsener Boden	36 °C
Grasland	33 °C
Getreidefeld	32 °C
Wald	28 °C
See	22 °C

Die auf der Erdoberfläche aufliegende Luft nimmt stets die Temperatur des Untergrundes an, dadurch kommen wärmere und kühlere Luftvolumina teilweise sehr nahe nebeneinander zu liegen. Wärmere Luft ist aber leichter als kühlere: Die 48 °C warme Luft über der Asphaltstraße beispielsweise ist um etwa 8 % leichter als die nur 28 °C warme über dem Wald. Die Folge ist, dass die wärmere Luft in Form von einzelnen Luftpaketen – wie Heißluftballone – aufzusteigen beginnt. In der Meteorologie nennt man diesen Vorgang **Konvektion**. Während des Aufsteigens kühlen sich die Luftpakete allmählich ab (siehe voriges Kapitel), bis die Taupunkttemperatur erreicht wird. In diesem Augenblick setzt Kondensation ein, und eine Wolke entsteht.

Die Höhe, ab der es zur Kondensation kommt, wird als **Kondensationsniveau** bezeichnet. Da man sich das Kondensationsniveau als eine waagerechte ebene Fläche vorstellen darf, besitzen die über ihm entstehenden Wolken dem Anschein nach eine messerscharfe Untergrenze. Sie gehören zur Gattung Cumulus (Seite 34).

Das Kondensationsniveau lässt sich mit wenig Aufwand berechnen (Einzelheiten dazu findet man in Lehrbüchern der Meteorologie). In der Tabelle 1 sind einige grobe Näherungswerte wiedergegeben. Man kann daraus ein einfaches Gesetz ableiten: Je trockener und je wärmer desto höher. Bei −10 °C (in 2 m Höhe gemessen) und einer relativen Feuchte von 30 % (ebenfalls in 2 m) setzt die Kondensation in etwa 1700 m Höhe ein, in gleich trockener aber 30 °C warmer Luft dagegen erst in etwa 2400 m. In sehr feuchter Luft, beispielsweise bei 90 % relativer Feuchte, kondensiert der Wasserdampf bereits in Höhen um 200 m. 100 % relative Feuchte findet man nur innerhalb einer Wolke, beziehungsweise wenn eine Wolke als Nebel auf dem Boden aufliegt.

Die aufsteigenden Luftpakete haben üblicherweise Durchmesser von 200–500 m und steigen meist mit Geschwindigkeiten von 3–5 m/s. Sie können aber auch stark von diesen Werten abweichen (siehe unten).

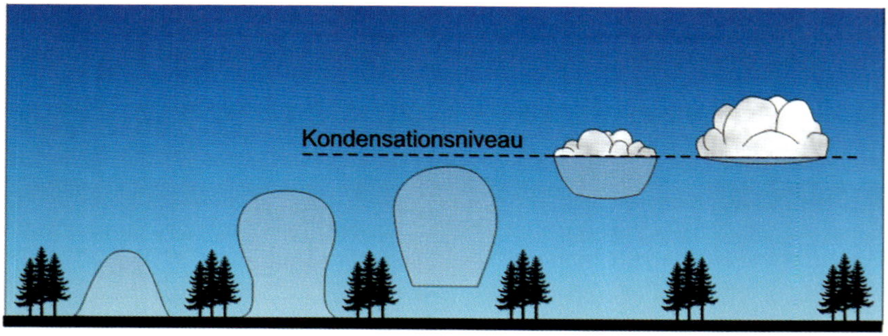

Erwärmte Luftblasen steigen auf, kühlen sich dabei unter den Taupunkt ab und es entstehen Wolken.

Die über einer erhitzten Straße aufsteigenden Luftpakete verursachen heftiges Flimmern und Luftspiegelungen.

Jedem aufsteigenden Luftpaket folgt schon nach kurzer Zeit – oft dauert es nur einige Minuten – ein nächstes. Meist hat das nachfolgende Luftpaket eine höhere Steiggeschwindigkeit als sein Vorgänger, sodass es dessen Schleppe einholt. Auf diese Weise bildet sich bald ein regelrechter Aufwindschlauch aus, der als **Thermik** bezeichnet wird (Seite 180).

In besonderen Fällen kann man Konvektion sogar sehen. Das bekannte Flimmern der Luft über heißen Straßen ist nichts anderes als das sichtbar gewordene heftige Emporsprudeln überhitzter Luftpakete. Wegen ihrer hohen Temperatur verändern diese ihre optischen Eigenschaften und verhalten sich wie kleine Linsen. Die Lichtstrahlen, die in sie eindringen, werden wegen der unregelmäßigen Bewegungen in jedem Augenblick in eine andere Richtung gelenkt, sodass nach außen hin der Eindruck heftigen Flimmerns entsteht. Gleichzeitig kommt es zu Luftspiegelungen, die eine silbrig glänzende Wasserschicht auf der Straße vortäuschen.

Tab. 1 Ungefähre Höhe des Kondensationsniveaus (Einzelheiten siehe Text)

Relative Feuchte in 2 m Höhe \ Temperatur in 2 m Höhe	−10 °C	0 °C	10 °C	20 °C	30 °C
30 %	1730 m	1880 m	2040 m	2210 m	2380 m
40 %	1340 m	1460 m	1580 m	1710 m	1840 m
50 %	1020 m	1120 m	1210 m	1310 m	1410 m
60 %	760 m	830 m	910 m	980 m	1060 m
70 %	540 m	590 m	640 m	690 m	750 m
80 %	340 m	370 m	410 m	440 m	470 m
90 %	160 m	180 m	200 m	210 m	230 m
100 %	0 m	0 m	0 m	0 m	0 m

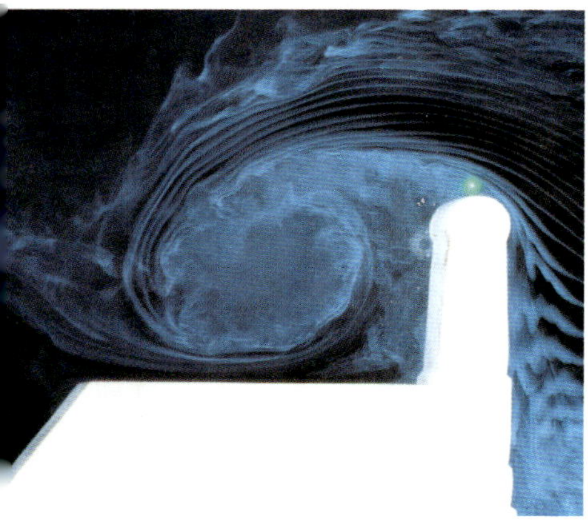

Leewirbel hinter den Türmen der Münchener Frauenkirche (Modell), im Windkanal sichtbar gemacht.

Rechte Seite: Turbulenz verändert die Form von Schornsteinfahnen innerhalb kürzester Zeit.

Hebung von Luftpaketen infolge von Turbulenz

Wenn der Wind über Hindernisse streicht, bilden sich auf der windabgewandten Seite regelmäßig Luftwirbel aus, sogenannte **Leewirbel**. Da die Luft durchsichtig ist, kann man diese natürlich nicht sehen. Das ist sehr schade, denn Leewirbel sind außerordentlich interessante Gebilde. In Forschungslabors, in denen man sich mit Strömungsvorgängen befasst, fügt man der durch den Windkanal strömenden Luft feines Pulver zu. Auf Fotos und Filmen hinterlassen die Pulverteilchen Bewegungsspuren, sodass man mithilfe dieses Tricks den Strömungsvorgang in allen Details erkennen kann.

In unserem Bild wurde auf diese Weise die Überströmung eines Modells der Münchener Frauenkirche sichtbar gemacht, hinter der sich ein prächtiger Leewirbel ausgebildet hat.

Ähnliche Vorgänge spielen sich überall in der Natur ab. Hinter Zweigen, Ästen, Zaunlatten und ähnlichen Objekten entstehen kleine, sehr schnell rotierende Wirbel, die man als Pfeifen, Rauschen oder Heulen wahrnehmen kann. Größere Hindernisse, wie Bäume, Häuser, Waldränder, Hügel und andere Geländeformen rufen sehr große Wirbel hervor. Dem Beobachter erscheinen sie als plötzliche Windstöße oder unerwartete Richtungsänderungen – man bezeichnet das als Böigkeit.

Wirbel lösen sich in regelmäßiger Folge vom Hindernis ab und schwimmen mit der Windströmung dahin. Die Luft ist also stets erfüllt von einer riesigen Zahl von unterschiedlich großen Wirbeln. Man bezeichnet diesen Strömungszustand als **Turbulenz**.

Gelegentlich kann man die Turbulenz der Luftströmung an mitgeführtem Staub oder Schnee erkennen – wie im Strömungslabor. Sehr viel öfter verrät sie sich jedoch durch das Erscheinungsbild und die Veränderungen von Schornsteinfahnen. Die drei Bilder auf Seite 15 wurden kurz hintereinander aufgenommen. Sie zeigen, wie der ausgestoßene Dampf von den auf- und abwärts gerichteten Strömungsästen dieser Wirbel erfasst und abwechselnd nach oben und nach unten gezerrt wird. Streng genommen sind es natürlich die den Dampf enthaltenden Luftpakete, die wie Bälle nach oben und nach unten gestoßen werden. Durch den Dampf wird der Vorgang sichtbar gemacht.

Die Abbildung auf Seite 16 zeigt, wie man sich eine turbulente Strömung vorzustellen hat. Bei einigen Wirbeln wurden zur Verdeutlichung die Rotationsrichtungen eingezeichnet. Auch die Stoßrichtungen, blau nach oben und rot nach unten, sind angegeben. Natürlich

Kondensationsniveau

So darf man sich, stark vereinfacht, die Turbulenz vorstellen.

wurde hier sehr stark vereinfacht, in der Natur sind die Verhältnisse viel komplizierter.

Werden auf diese Weise Luftpakete über das Kondensationsniveau hinausgehoben, so kommt es zur Kondensation: Eine Wolke entsteht.

Nun sollte man erwarten, dass auch sie eine scharfe Untergrenze hat, so wie wir das von der Wolkenbildung durch Konvektion gewohnt sind. Hier sind aber die Verhältnisse etwas anders. Infolge der vielen Wirbel, die an einer gerade entstandenen Wolke in alle Richtungen zerren, wird diese regelrecht auseinandergezupft. Dadurch nimmt sie die Form eines lockeren, zerzausten Wattebausches an, an dem keine scharfen Grenzen und Konturen zu erkennen sind.

Turbulenz ist eine der häufigsten Entstehungsursachen für Wolken in der unteren Atmosphäre – wenn nicht sogar die häufigste. Die so gebildeten Wolken gehören zum Typ Stratocumulus (Seite 112f.).

Hebung von Luftschichten an Gebirgen und Luftmassen

Oft werden nicht nur einzelne Luftpakete, sondern ganze zusammenhängende Luftschichten gehoben, z. B. beim Überströmen von Gebirgen. Auch kalte Luftmassen verhalten sich wie massive steinerne Hindernisse. Betrachten wir dazu den oberen Teil der Abbildung auf Seite 17. Rückt Warmluft (rot) gegen Kaltluft (blau) vor, so schiebt sie diese zwar vor sich her; da sie leichter als die kalte ist, gleitet sie aber gleichzeitig auch noch wie auf einer schiefen Ebene über die Kaltluft hoch. Die Kaltluft dagegen wird wegen ihres größeren Gewichtes an der Bodenoberfläche stärker gebremst und kommt deshalb langsamer vorwärts als die Warmluft – bildhaft ausgedrückt wie ein zäher Brei. Die Folge ist, dass sich die warme Luft immer höher über die kalte schiebt. Der rote Pfeil in der Abbildung zeigt den Aufgleitvorgang in stark generalisierter Form. Während des Aufgleitens kühlt sich die Warmluft ab (Einzelheiten dazu

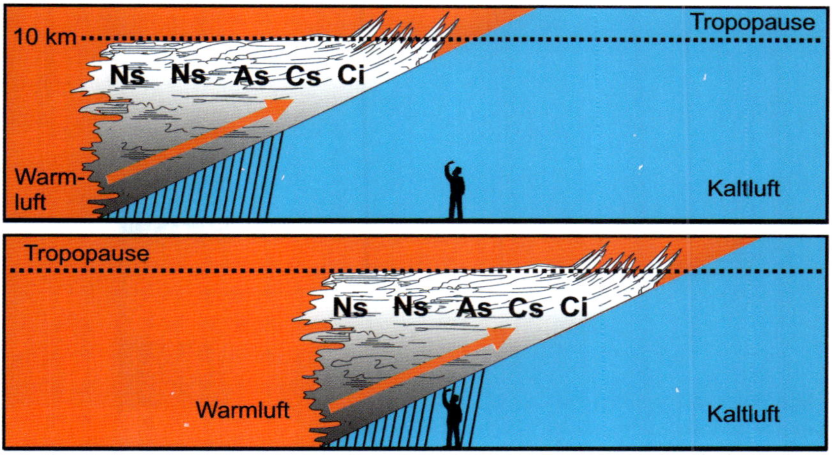

Aufzug mit begleitender Bewölkung (Einzelheiten im Text).

siehe ab Seite 21). Die Abkühlung führt zur Kondensation von Wasserdampf und damit zur Entstehung von Wolken innerhalb der gehobenen Warmluft (Seite 5).

Wolkenbildung ist aber nur bis zur Tropopause (Seite 22) – in unseren Breiten also bis etwa 10 km Höhe – möglich. Die Folge: Am vorderen Rand der aufgleitenden Warmluft bildet sich ein mehrere 100 km breiter „Wolkensaum" mit einem keilförmigen Querschnitt: Er ist an seiner Spitze dünn und wird nach hinten immer mächtiger. Wo der Wolkenkeil dick genug ist, bildet sich Niederschlag. Dieser endet, wo die Warmluft am Boden aufliegt, also noch nicht hochgleitet. Dort gibt es ja keine Hebung und damit auch keine Wolkenbildung.

Jetzt brauchen wir noch einen Wetterbeobachter! Stellen wir ihn – stark vergrößert – genau unter die Spitze des Wolkensaumes. Dann sieht er über sich einen Himmel voller Cirren (wie auf Seite 43ff.). Diese wachsen allmählich zu einem lichten Cirrostratus (Seite 64) zusammen; verdichten sich zu Altostratus (Seite 95) und entwickeln sich zu mächtigem Nimbostratus (Seite 139), in dem sich Niederschlag bildet. Der untere Bildteil zeigt den Beobachter Stunden später – im Regen! Die Warmluft hat sich inzwischen zusammen mit ihrem Wolkensaum so weit vorgeschoben, dass die Regenwolken über ihm angekommen sind.

Noch später wird die Warmluft unseren Beobachter „überspülen". Dann gibt es an seinem Standort keine Hebung, keine Wolken und auch keinen Regen mehr.

Einen solchen Ablauf der Wolkenentwicklung nennt man **Aufzug**. Er dauert viele Stunden, manchmal sogar mehrere Tage. Zu Aufzügen kommt es häufig beim Herannahen von Tiefdruckgebieten.

Castellanus-Wolken

Konvektion aufgrund von in der Höhe eingesickerter Kaltluft

Dringt Kaltluft gegen Warmluft vor, so schiebt sie sich wegen ihres größeren Gewichtes unter die warme und hebt diese hoch.

Es kann aber auch ganz anders kommen: Die anrückende Kaltluft kann unter bestimmten Voraussetzungen in den oberen Luftschichten schneller vorankommen als in den unteren. Ein Beobachter kann also selbst noch in der Warmluft stehen, während einige km über ihm die Kaltluft bereits angekommen ist.

An der – waagerechten – Kontaktfläche zwischen den beiden unterschiedlich temperierten Luftmassen (unten warm – oben kalt) kommt es dann zwangsläufig zu einer Abkühlung der Warmluft. Dabei wird normalerweise der Taupunkt unterschritten und es entstehen flache Wolkenbänke vom Typ Altocumulus (Seite 77ff.).

Aber es passiert noch etwas viel Interessanteres. Die Warmluft unterhalb der vorrückenden Kaltluft verhält sich wie ein erwärmter Boden und löst deshalb eine muntere Konvektion (Seite 11ff.) aus.

Als Folge dieser Konvektion bildet sich eine Fülle von Haufenwolken. Allerdings reicht der Wasserdampfgehalt der Luft bei den dort oben herrschenden Temperaturen – sie liegen zwischen −10 und −30 °C – keinesfalls mehr für mächtige Cumulus-Bildungen aus. Aus den Wolkenbänken schießen deshalb nur kleine, oft sogar ausgesprochen unscheinbare Wölkchen empor, die in regelmäßiger Folge wie die Zinnen eines Kastells angeordnet sind. Nach einiger Zeit verlieren sie den Kontakt zur Basis und steigen als isolierte kleine Bällchen weiter und weiter in die Höhe. Dabei werden sie immer durchsichtiger und verschwinden schließlich, als ob sie nie dagewesen wären. Wegen ihres unverwechselbaren Aussehens bezeichnet man sie als **Castellanus-Wolken** oder kurz **Castellani** – ein Name, der treffender nicht gewählt werden könnte (*castellanus* = die Burg betreffend).

Das Foto oben zeigt ein typisches Beispiel; im Detail wird diese Wolkenart ab Seite 84 vorgestellt.

Wellenbildung durch Strömungshindernisse (Leewellen)

Leewirbel sind uns im Zusammenhang mit der Turbulenz schon begegnet. Oft genug verursachen sie nicht nur die von Seite 14 bereits bekannte ungeordnete Hebung, sondern lassen auch regelrechte Wolkenmuster entstehen. Das ist immer dann der Fall, wenn ein frischer oder sogar stürmischer Wind gegen die Flanken von Gebirgen bläst und die Luft förmlich in die Höhe jagt. Zwar sind wir es gewohnt, Luft als etwas Flüchtiges, Leichtes, ja Gewichtsloses zu empfinden. Doch weit gefehlt! Ein Kubikmeter Luft wiegt in 3000 m Höhe immerhin rund 1 kg. Damit hat Luft auch eine nicht zu unterschätzende Trägheit. Sie bewirkt, dass kräftig nach oben geblasene Luft auf der Gipfelhöhe nicht Halt macht, sondern weit über diese hinausschießt – siehe Abbildung rechts oben.

Entstehung von Leewellen

Dort hat sie aber – im wahrsten Sinne des Wortes – keinen festen Boden mehr unter sich und stürzt deshalb wieder herunter: Wegen ihrer Trägheit sogar bis unter die Gipfelregion. Aufgrund physikalischer Gesetze hat sie jedoch dort ebenfalls nichts verloren und wird daher wieder in die Höhe getrieben. Dieser Vorgang wiederholt sich viele Male.

Gleichzeitig trägt der Wind die auf- und abschwingende Luft in horizontaler Richtung mit sich fort, sodass ein regelrechtes Wellenmuster entsteht. Die Meteorologen bezeichnen diese Wellen als **Leewellen**. Mit jedem Aufschwung

Wellenförmige Wolken (Leewellen)

erfolgt eine Abkühlung der Luft. Unter passenden meteorologischen Bedingungen kommt es dabei zur Kondensation und Wolkenbildung – die aber beim nächsten Abschwung wegen der damit verbundenen Erwärmung wieder jäh abgebrochen wird.

Die dabei entstehenden Wolken sind regelmäßig angeordnet, haben die Form von Fischen oder Zeppelinen und einen linsenförmigen Querschnitt. Auf Seite 90 und 161 ff. werden wir näher auf diese Wolken eingehen.

Im Gegensatz zu anderen Wolken, die mit der Strömung verfrachtet werden, bleiben diese Wolken ortsfest, verändern aber ihre Form und Größe ständig. Sie werden sozusagen „durchströmt".

Wellen an Grenzflächen zwischen warmen und kalten Luftschichten

Wellen, so lehrt uns die Physik, entstehen, wenn zwei unterschiedlich dichte Medien übereinander liegen und mit unterschiedlichen Geschwindigkeiten dahinströmen.

Das klingt kompliziert und ist nur schwer vorstellbar. Doch werden die Zusammenhänge schnell klar, wenn man an ein alltägliches Beispiel denkt: Wasserwellen auf einem See. Die zwei unterschiedlich dichten Medien sind das Wasser und darüber die – weitaus leichtere – Luft. Und auch in der Strömungsgeschwindigkeit gibt es erhebliche Unterschiede. Zwar versetzt der über das Wasser hinwegstreichende Wind (infolge Reibung) auch das Wasser in Bewegung. Dessen Strömungsgeschwindigkeit erreicht aber bestenfalls 3–4 % der Windgeschwindigkeit.

Ähnliche Vorgänge wie an einer Wasseroberfläche spielen sich auch in der Atmosphäre ab, wenn leichte Warmluft flott über schwere, dichte, träge Kaltluft gleitet (Seite 16 und 76). Dort sind die Wellen unter den üblichen Bedingungen allerdings erheblich länger als im Wasser (Seite 115).

In ihnen spielen sich die gleichen Vorgänge ab, wie sie auf Seite 18 schon beschrieben wurden: Während der Aufstiegsphase kühlt die Luft ab und es kommt – sofern die Temperatur- und Feuchtebedingungen zusammenpassen – zur Wolkenbildung. Während der Abstiegsphase erwärmt sich dann die Luft wieder und die Wolkenbildung wird gestoppt.

So entsteht, wie das Foto zeigt, eine oft lange Folge von regelmäßig angeordneten wogenförmigen Wolken.

Entstehungsweg eines Pileus

Hebung von feuchten Luftschichten durch darunter ablaufende Wolkenentwicklungen

Im Innern von Cumulus-Wolken herrschen teilweise heftige Aufwinde: 20 km/h sind völlig normal. In ausgewachsenen Gewitterwolken sind sogar 100 km/h keine Seltenheit. Von diesen Aufwinden wird auch die Luft oberhalb der eigentlichen Wolke erfasst, angehoben und dabei auf die bekannte Weise abgekühlt. Ist in ihr eine Schicht besonders feuchter Luft eingebettet, so kann es passieren, dass der darin enthaltene Wasserdampf kondensiert. Man hat dann den Eindruck, als ob der Cumulus eine Mütze oder Kappe (lat. *pileus*) tragen würde. Hält die Entwicklung der Cumulus-Wolke lange genug an, so wird der **Pileus** von ihr überwuchert und verschwindet schließlich spurlos im Gewölk. Die Abbildung zeigt, wie Pileus-Wolken entstehen.

Fassen wir zusammen: Überwiegt die vertikale Bewegung, so entstehen haufenförmige Wolken, die aber ggf. zu Schichten zusammenwachsen können. Überwiegt die horizontale Bewegung, so entstehen schichtförmige Wolken.

Entwicklung der Wolken

Bisher haben wir uns überlegt, welche Vorgänge zum Entstehen von Wolken führen. Im Folgenden geht es nun darum, unter welchen Bedingungen sich eine Wolke zu einem mächtigen Gebirge am Himmel auswächst und unter welchen sie flach und unscheinbar bleibt oder sich sogar nach unten – in Richtung Erdboden – entwickelt.

Entwicklung nach oben

Für das Verständnis der Wolkenentwicklung nach oben ist die von Seite 11 schon bekannte Konvektion wichtig.

Denken wir uns ein reifes Getreidefeld, das sich auf 38 °C (Seite 12) aufgeheizt haben soll. Wie wir wissen, steigen über dem Getreidefeld erhitzte Luftpakete wie Heißluftballone in die Höhe und kühlen sich dabei ab. Was uns jetzt interessiert, ist: Wie stark kühlen sie sich eigentlich ab? Hier kommt uns die Meteorologie sehr entgegen: Der Zufall will es nämlich, dass ihre Temperatur um ziemlich genau 1 Grad je 100 m Höhe zurückgeht.

Betrachten wir die Abbildung rechts: Die blaue Kurve beschreibt die Temperaturabnahme während des Aufsteigens. In ihrem unteren Bereich ist die Temperaturabnahme von 1 Grad pro 100 m deutlich zu erkennen (10 Grad pro km).

Nun wissen wir von Seite 11, dass während dieses Abkühlungsvorganges (zumindest in sehr vielen Fällen – und nur diese intertessieren uns!) der Taupunkt unterschritten wird und Kondensation mit Wolkenbildung einsetzt. Die Höhe, in der das passiert, haben wir als **Kondensationsniveau** bezeichnet (Seite 12). Bei unseren Feuchtebedingungen liegt es in etwa 800 m Höhe.

Mit dem Einsetzen der Kondensation ändert sich die Situation jedoch merklich: Die Temperatur unseres Luftpaketes sinkt ab sofort nicht mehr um 1 Grad, sondern je nach Situation nur noch um 0,5–0,7 Grad je 100 Höhenmeter.

Natürlich ändert sich auch in der freien Atmosphäre die Temperatur mit der Höhe. Allerdings gelten für diese Temperaturänderung ganz andere Gesetze als für die in den aufsteigenden Luftpaketen. In der freien Atmosphäre diktieren die großräumigen Luftbewegungen das Geschehen. So finden wir je nach Situation Temperaturrückgänge von etwa 0,7 Grad pro 100 m bis hin zu ausgeprägten **Temperaturanstiegen (!)** bis weit über 1 Grad pro 100 m.

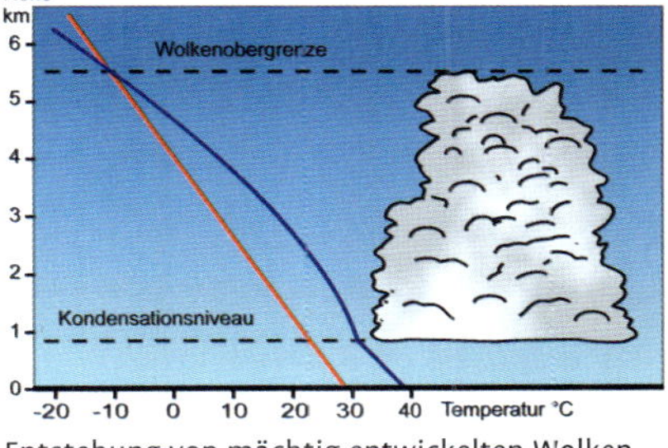

Entstehung von mächtig entwickelten Wolken

Bleiben wir bei der Abbildung auf Seite 21. In ihr ist ein Beispiel ausgewählt, bei dem die Temperatur in der freien Atmosphäre am Boden etwa 28 °C (also 10 Grad weniger als das über dem Getreidefeld erhitzte Luftpaket!) betragen und rund 0,7 Grad pro 100 Höhenmeter (rote Kurve) abnehmen soll. Vergleichen wir die Temperatur unseres aufsteigenden Luftpaketes mit der Temperatur in der umgebenden freien Atmosphäre (jeweils in der gleichen Höhe), so stellen wir fest: Bis 5500 m hinauf ist das Luftpaket stets wärmer und damit leichter als die Umgebungsluft. Es steigt also kontinuierlich, bringt dabei ständig Wasserdampf zur Kondensation und ermöglicht so der Wolke eine gigantische Vertikalentwicklung. Man bezeichnet diesen Wachstumsprozess als **Quellung**.

In 5500 m Höhe angekommen sind Luftpaket und Umgebung gleich warm, darüber wird das Luftpaket sogar kälter und damit schwerer als die Umgebungsluft. Somit verliert es seinen Auftrieb und die Wolkenentwicklung wird gestoppt. Die Wolkenobergrenze ist also dort zu finden, wo die aufsteigenden Luftpakete kälter werden als die Umgebungsluft; in unserem Fall in 5500 m.

Ganz anders sieht es unter den Bedingungen aus, die in der folgenden Abbildung dargestellt sind.

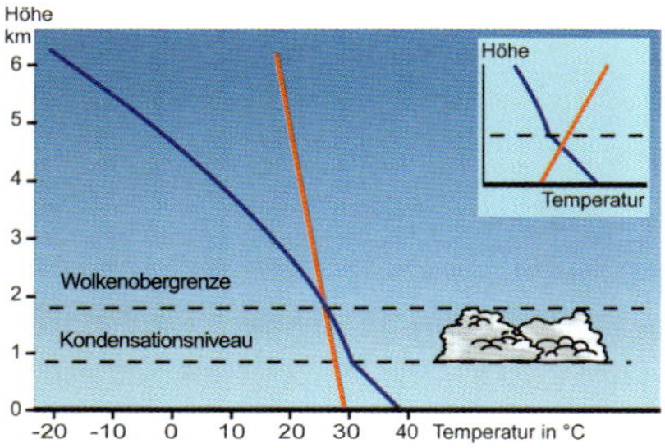

Entstehung von flachen Wolken

Die Temperatur der freien Atmosphäre nimmt dort nur um etwa 0,2 Grad je 100 Höhenmeter ab. Die Temperatur der überhitzten Luftpakete sinkt bereits in einer Höhe von 1800 m unter die Temperatur der freien Atmosphäre. Bescheidene, flache Wolkenentwicklungen mit kaum 1000 m Mächtigkeit sind die Folge.

Nimmt die Temperatur in der freien Atmosphäre mit der Höhe zu – eine solche Situation wird als **Inversion** bezeichnet (Seite 25) – so entstehen überhaupt keine Wolken mehr. Die rote Kurve im Teilbild rechts oben zeigt eine Inversion. Wie man sofort erkennt, erreichen die Luftpakete das Kondensationsniveau überhaupt nicht, weil ihre Temperatur schon vorher unter die Temperatur der freien Atmospäre absinkt und damit jeder weitere Auftrieb gestoppt wird.

In Mitteleuropa können Wolken eine Höhe von maximal etwa 10 km erreichen. Diese Grenzhöhe wird als **Tropopause** bezeichnet. Über ihr finden wir jahraus, jahrein eine viele Kilometer mächtige Inversion, die jegliche weitere Wolkenentwicklung unterbindet. Die Tropopause liegt also wie ein undurchlässiger Deckel auf der Wolken- und Wetterschicht unserer Atmosphäre.

Quellungen, die bis zur Tropopause vordringen, werden dort jäh gestoppt. Man darf sich den Vorgang so ähnlich vorstellen, wie wenn man einen Wasserstrahl gegen ein festes Hindernis richtet. Die Abbildung auf Seite 9, die wir von anderen Betrachtungen schon kennen, zeigt, was dabei passiert: Das Wasser spritzt nach allen Seiten auseinander. Und ganz ähnlich ist es auch bei einer Wolkenentwicklung, die an die Tropopause stößt: Die aufquellenden Wolkenmassen werden seitlich auseinandergedrückt, sodass ein Gebilde ähnlich einem Pilz mit einem riesigen Hut entsteht. Eine so markant entwickelte Wolke wie auf dem Bild von Seite 129 findet man allerdings nur sehr selten. Meist ist der Hut nur auf einer Seite gut entwickelt und sieht dann von der anderen Seite betrachtet eher wie ein Amboss aus. Diese Form hat der Wolke auch den Namen gegeben: **Cumulonimbus incus** (lat. *incus* = Amboss).

Sind Wolken durch Turbulenz (Seite 14) oder Aufgleitvorgänge (Seite 16 und 19) entstanden, so gelten für ihre weitere Entwicklung die gleichen Gesetzmäßigkeiten: Je schneller die Temperatur in der freien Atmosphäre sinkt, desto mächtiger werden die Wolken und umgekehrt.

Natürlich drängt sich jetzt die Frage auf: Wann sinkt denn die Temperatur der freien Atmosphäre schnell und wann sinkt sie langsam? Sehr stark vereinfacht kann man sagen: Im Einflussbereich von Tiefdruckgebieten sinkt sie schnell, im Einflussbereich von Hochdruckgebieten sinkt sie langsam oder steigt sogar. Damit lässt sich der fundamentale Grundsatz der Wetterkunde: „**Tiefdruckwetter** ist **schlechtes Wetter** mit vielen mächtigen Wolken; **Hochdruckwetter** ist **schönes Wetter** mit wenigen flachen oder gar keinen Wolken", zwanglos erklären (Seite 25).

Entwicklung nach unten

Bei verschiedenen Wolkenarten erfolgt die Entwicklung nicht nach oben, sondern – ganz im Gegenteil – nach unten. Das bekannteste Beispiel dafür sind die **Cirrus-Wolken**.

Üblicherweise entstehen sie durch Konvektionsvorgänge in großen Höhen – in Mitteleuropa bis 10 km. Wegen der dort herrschenden tiefen Temperaturen bis unter −50 °C bestehen sie ausschließlich aus feinen Eiskristallen (Seite 8). Diese fallen sehr langsam heraus – die Fallgeschwindigkeiten liegen nur um 1 km/h – und damit setzt die Entwicklung nach unten ein. Sie werden im Fallen vom Wind erfasst und von ihm fortgetragen. Auf diese Weise entstehen die für Cirren typischen langgezogenen, oftmals krallenförmig gebogenen Wolkenfasern.

Die Abbildung unten zeigt drei Phasen der Cirrus-Entstehung. Beispiele von Cirrus-Wolken finden Sie ab Seite 44.

Von der Entstehungsweise her mit den Cirren verwandt sind die **Fallstreifen**. Es handelt sich dabei um Regen oder Schnee, der im Fallen verdunstet und deshalb den Boden nicht erreicht. Fallstreifen hängen unter den Wolken wie ein wallender Rauschebart. Wegen der höheren Fallgeschwindigkeit, die bei Schneeflocken zwischen 4 und 7 km/h, bei Regentropfen zwischen 7 und 30 km/h liegen, werden diese nur sehr wenig in horizontaler Richtung verlagert, sodass sich längst keine so langen Fasern wie bei den Cirren ausbilden können. Beispiele von Fallstreifen sind ab Seite 133 zu finden.

Eine dritte, nach unten gerichtete Wolkenentwicklung ist die Mamma-Wolke. Sie hat die Form busenförmiger Ausstülpung an der Unterseite insbesondere von Gewitter- und Schauerwolken.

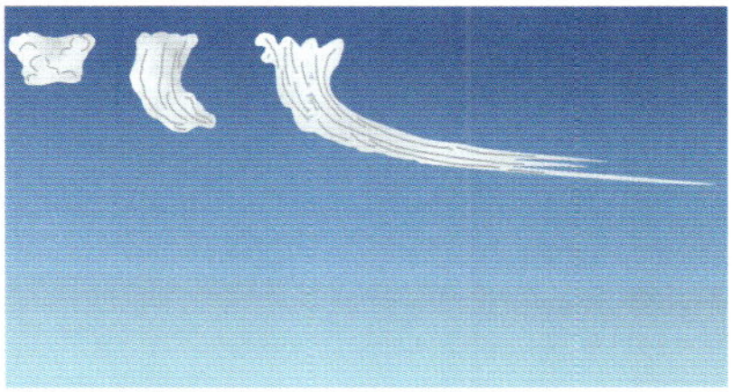

Entstehung von Cirrus-Wolken

Wenn die Regenwolken nach einem heftigen Schauer abziehen, prägen die Mammatus-Wolken das Himmelsbild. Der Volksmund hat ihnen zu recht den Namen Regen- oder Gewittersäcke gegeben.

Ihre Existenz verdanken sie den ihnen vorausgehenden Schauern. Große Regentropfen und erst recht Hagelschlossen haben sehr hohe Fallgeschwindigkeiten. Hagelkörner mit 3 cm Durchmesser beispielsweise schlagen mit nahezu 100 km/h auf dem Boden auf. Es ist leicht einzusehen, dass die bei einem heftigen Schauer vom Himmel stürzenden kalten Wasser- und Eismassen auch die Wolken mit nach unten reißen und dabei die Mammatus-Ausstülpungen hervorrufen. Beispiele dafür finden Sie auf Seite 137.

Strukturen der Wolken

Beim aufmerksamen Betrachten fällt auf, dass die Wolken ganz unterschiedliche Strukturen aufweisen. Während die einen wie Blumenkohl-Köpfe aussehen, lassen andere eher an Wattebäusche denken und wieder andere schließlich haben eine faserige Struktur. Wie sind diese Unterschiede zu erklären?

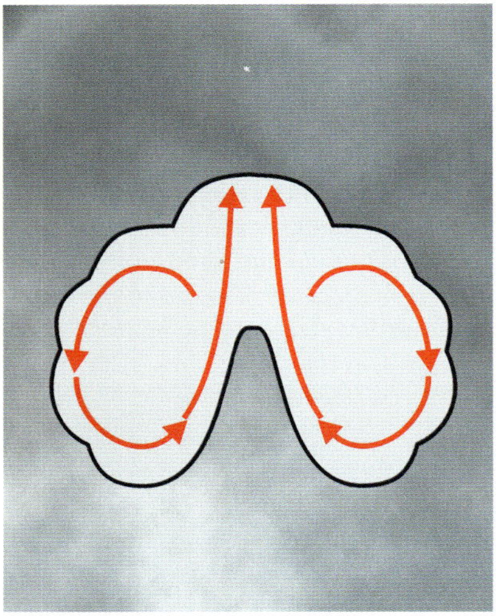

Mikrozirkulationen in Wolken mit starker Entwicklung führen zu Blumenkohl-Strukturen.

Alle Wolken, die in mehr oder weniger starkem Wachstum begriffen sind, entwickeln in Ihrem Innern ganz typische Mikrozirkulationen. Diese bestehen aus halbkugeligen Zellen, die in ihrer Form an Quallen, in ihrer Bewegungsform an Rauchringe erinnern.

Die obige Grafik zeigt einen Querschnitt durch eine solche Zelle. Wie man sieht, ist ihre Hauptstoßrichtung nach oben gerichtet. Die Wolke wächst dadurch in Form unzähliger kleiner Türmchen, die nach außen hin wie die Röschen eines gewaltigen Blumenkohles aussehen.

Ganz anders sind die Verhältnisse bei Wolken ohne ausgeprägte Wachstumstendenz. An ihnen zerren die Wirbel der Luftströmung (Seite 100) und zupfen mal an dieser, mal an jener Stelle, sodass die Form eines auseinandergerupften Wattebausches entsteht.

Bei vielen Wolken zeigen sich blumenkohlartige und wattebauschartige Strukturen gleichzeitig. Das ist insbesondere dann der Fall, wenn eine Wolke durch Turbulenz entstanden ist und dann wegen einsetzender Konvektion (weil die freie Atmosphäre kälter ist als die Wolke – siehe Seite 20) ins Quellen kommt. Deshalb sind die Blumenkohl-Röschen üblicherweise in den oberen Teilen der Wolke und Wattebäusche an der Wolkenbasis zu finden.

Die bisher besprochenen Strukturen sind typisch für Wolken, die aus flüssigen Wassertröpfchen bestehen. Ganz anders ist das bei Wolken aus Eiskristallen. Man erkennt sie an den typischen

Faserstrukturen, die uns von den Cirren bekannt sind.

Beginnt eine Wolke in ihren oberen Teilen zu vereisen, so kann man das daran erkennen, dass ab einer bestimmten Höhe die Blumenkohl-Köpfchen von glatten, faserigen Strukturen abgelöst werden. Bei der Wolke auf Seite 131 ist es gerade soweit. Das ist dann auch der Zeitpunkt, an dem die Niederschlagsbildung einsetzt.

Auflösung der Wolken

Im Wesentlichen sind es zwei Vorgänge, die zur Auflösung der Wolken führen. Der erste Vorgang ist die Abschwächung wolkenbildender Prozesse, der zweite die Ausbildung eines Hochdruckgebietes.

Auflösung infolge Abschwächung wolkenbildender Prozesse

Wassertröpfchen und auch Eiskristalle verdunsten, sobald die umgebende Luft in der Lage ist, den bei der Verdunstung entstehenden Wasserdampf aufzunehmen – wenn sie also nicht **feuchtegesättigt** ist, wie man in der Meteorologie sagt. Das ist ein aus dem täglichen Leben hinreichend bekanntes Phänomen. Dass auch die Luft im Innern einer Wolke nicht zwangsläufig völlig feuchtegesättigt sein muss, mag zunächst verwundern, ist aber eigentlich klar: Infolge der turbulenten Luftbewegungen in und am Rand von Wolken wird die Wolkenluft stets mit trockener Luft aus der Umgebung – also von außerhalb der Wolke – vermischt. Man bezeichnet diesen Vorgang als **Entrainment**. Damit können stets Wolkenelemente verdunsten.

Dass die Wolke dabei aber nicht restlos verschwindet, liegt daran, dass durch Konvektion von unten normalerweise mehr kondensierbarer Wasserdampf nachgeliefert wird als von den Wolkenteilchen durch Verdunstung abgegeben wird.

Wenn jedoch zum Abend hin die Aufheizung des Erdbodens durch die Sonnenstrahlung nachlässt, kommt auch die Konvektion zum Erliegen. Dann verdunsten mehr Wolkenelemente als durch Kondensation neu entstehen und die Wolke löst sich allmählich auf.

Diese Zusammenhänge entlarven eine ebenso verbreitete wie falsche Wetterregel: *Bei zunehmendem Mond wird das Wetter besser.*

Bekanntlich erscheint der zunehmende Mond am Abendhimmel, der abnehmende am Morgenhimmel.

Aus der zum Abend hin verschwindenden Bewölkung, die unsere Altvordern fälschlicherweise als Wetterbesserung gedeutet haben, taucht also stets der zunehmende, nie der abnehmende Mond auf. Damit lag es nahe, den zunehmenden Mond als Ursache für die Wetterbesserung zu betrachten. Eine zwar plausible, aber leider falsche Deutung!

Auflösung infolge Hochdruckeinflusses

Wenn sich ein Hochdruckgebiet entwickelt, kommt es in der freien Atmosphäre zu großräumigen Absinkvorgängen. Dabei steigt die Temperatur, und die Wolken lösen sich auf. Außerdem bildet sich eine Inversion, die Wolkenneubildungen unterbindet. In den Wüstengebieten der Erde herrscht jahrein, jahraus Hochdruckeinfluss. Als Folge davon gibt es so wenige Wolken, dass Regen zu einem seltenen Ereignis wird.

So soll es in der Atacama-Wüste bei Calama (Chile) während der 400 Jahre von 1571 bis 1971 nicht ein einziges Mal geregnet haben.

Wolkenklassifikation

Schon in den alten Hochkulturen weit vor der Zeitenwende hat man die Wolken als Kennzeichen oder Vorboten bestimmter Wettererscheinungen beschrieben. So wurden in Mesopotamien bereits im 3. vorchristlichen Jahrtausend die Wolken nach Formen und Farben unterschieden, um aus dem Himmelsbild Wettervorhersagen ableiten zu können. Das galt v. a. für diejenigen, die Regen und Gewitter ankündigten.

Geschichtliches

Eine systematische Klassifikation mit eindeutigen Wolkennamen gab es bis in die neueste Zeit hinein nicht. Erst zu Beginn des 19. Jahrhunderts haben zwei Männer fast gleichzeitig und völlig unabhängig voneinander zwei sehr ähnliche Wolkenklassifikationen herausgebracht: Der französische Naturforscher Jean-Baptist Lamarck (1744–1829), der sein Werk 1801 veröffentlicht hat, und der britische Fabrikant und Hobbymeteorologe Luke Howard (1772–1864), er hat sein Wolkenschema 1803 vorgelegt. Offensichtlich musste die Zeit für systematische Betrachtungen erst reif werden. So hatte der schwedische Biowissenschaftler Carl von Linné (1707–1778) im Jahr 1753 die erste durchgehende Pflanzensystematik erstellt, der später eine Gliederung des Tierreichs und der Mineralien folgte. Ähnliche Gliederungen entstanden auch im Bereich der Heilkunde. In der Chemie folgte der russische Chemiker Dimitrij Iwanowitsch Mendelejew (1834–1907) im Jahr 1869 mit dem Periodischen System der Elemente.

Bei den Wolken hat sich Howard durchgesetzt. Seine Benennungen wurden zwar im Lauf der Zeit mehrfach abgeändert und erweitert, dennoch sind sie bis heute die Grundlage der internationalen Klassifikation geblieben.

Über die Erfolge Howards dürfen aber die Verdienste Lamarcks nicht übersehen werden. Lamarcks Arbeiten zum Thema Wolkensystematik werden in Fachkreisen teilweise sogar höher eingeschätzt als die Howards.

Wenn dennoch Howard zum Sieger im Rennen um die Ordnung im Wolkenreich wurde, so hatte das zwei Gründe. Erstens: Er verwendete lateinische Wolkennamen. Das passte gut in das wissenschaftliche Weltbild seiner Zeit. Auch die anderen großen Systematiker hatten lateinische Bezeichnungen gewählt. (Heute würde sich wohl der durchsetzen, der englische Namen vergibt!) Der zweite Grund war, dass Howard schon bald die Aufmerksamkeit Goethes auf sich zog. Goethe konnte sich für Howards Arbeiten enthusiastisch begeistern, denn er sah sich durch diese Wolkengliederung in seinen eigenen Forschungen zur Formen- und Gestaltenlehre voll bestätigt. Der Dichterfürst widmete den einzelnen Wolkenarten sogar Gedichte und propagierte damit Howards Wolkenklassifikation im gesamten deutschsprachigen Raum. Die Texte findet man bei M. Rodewald, 1981 (Seite 182). Später wurden die Gedichte zusammen mit lobenden Strophen über Luke Howard ins Englische übersetzt. Damit war der Weg für einen Siegeszug seiner Wolkenklassifikation um die ganze Welt frei geworden. Die Entstehung der Howardschen Wolkenklassifikation hat Richard Hamblyn (2001; Seite 182) in einem Buch beschrieben.

Howard hatte sich bei seiner Systematik ausnahmslos an sichtbaren Merkmalen wie Höhe, Ausdehnung und Form orientiert. Sie sind zwar für den Wetterbeobachter einprägsam, leicht zu erlernen und damit problemlos anwendbar. Über die Entstehungsursache der Wolken sagen sie allerdings kaum etwas aus. In der täglichen Beobachtungspraxis wird das auch kaum verlangt. Ganz anders ist das im wissenschaftlichen Bereich. Dort spielen gerade die Ursachen für die Entstehung und Veränderung der Wolken die entscheidende Rolle. Da in diesem Bereich die Howardsche Klassifikation versagt, hat man mehrfach versucht, auch solche zu entwickeln, die die wolkenpysikalischen Hintergründe angemessen berücksichtigen. Wir wollen allerdings nicht näher auf sie eingehen. Uns reicht es, bei der Besprechung der einzelnen Wolkenarten jeweils einen kurzen Blick auf die mögliche Entstehungsursache und eventuelle Weiterentwicklungen der jeweiligen Wolke zu werfen.

Durch die Bemühungen von H. Hildebrandsson und R. Abercromby kam 1896 der erste internationale Wolkenatlas zustande. 1921 wurde eine Kommission eingesetzt, die die Wolkenklassifizierung weiter systematisieren und für die Mitarbeiter der Wetterdienste eine einheitliche und verbindliche Beobachteranleitung erarbeiten sollte. Eine vorläufige Ausgabe wurde 1930 vorgelegt, 1932 ist die vollständige erschienen.

Von Anfang an hat man die Wolkenklassifikationen und -atlanten mit Bildern ausgestattet. Selbst Howard hatte sein Schema bereits mit einigen Skizzen versehen. Zunächst waren es Gemälde, die aber mit den Fortschritten in der Lichtbildtechnik zunächst von Schwarzweiß-, später von Farbfotos abgelöst wurden. Maler aller Epochen haben sich von den Formen und Farben der Wolken begeistern lassen und ihnen in ihren Werken ein bisschen „ewiges Leben" geschenkt. Der Katalog zur Ausstellung „Wolkenbilder. Die Entdeckung des Himmels" (Berlin, 2005) zeigt über 300 Gemälde und Objekte, die jeden Wolkenfreund faszinieren müssen.

Wolkenklassifikation und Internationaler Wolkenatlas

Die heute verwendete Wolkenklassifikation ist im „International Cloud Atlas" niedergelegt, der von der World Meteorological Organization (WMO), einer Unterorganisation der UNO immer wieder überarbeitet und neu herausgegeben wird. Das Werk dient als weltweit verwendetes Handbuch für die Wolkenbeobachtung und Verschlüsselung der Wolkenmeldungen.

Die neueste Ausgabe ist am 23. März 2017 – am „Welttag der Meteorologie" – erschienen. Sie ist im Internet vollständig einsehbar (Seite 182). Von der Vorgängerausgabe hat der Deutsche Wetterdienst (DWD) eine deutschsprachige Lizenzausgabe herausgebracht. Ihr wurden – nach freundlicher Genehmigung durch den DWD – die hier vorgestellten Schemata und Definitionen zum überwiegenden Teil entnommen.

Tabelle 2 (Seite 30) enthält eine Wolkenklassifikation mit geringfügigen Abweichungen vom internationalen Schema (vergl. Seite 98). Sie gliedert sich, in

Anlehnung an die Linnéschen Systematiken, in Familien, Gattungen, Arten, Unterarten und Sonderformen.

Wolkenfamilien

Das **erste Gliederungsmerkmal** ist die **Familie**. Sie informiert über die **Höhe**, in der sich eine Wolke aufhält. Als Kriterium für die Höhe wird dabei die Wolkenuntergrenze benutzt. Für die gemäßigte Klimazone wurden folgende Höhenstufen festgelegt:

Hohe Wolken

mit Untergrenzen von 5–13 km. Die Namen der zu dieser Familie gehörenden Wolken beginnen mit der Silbe **Cirr** (lat. *cirrus* = Haarlocke): **Cirr**us, **Cirr**ocumulus, **Cirr**ostratus.

Mittelhohe Wolken

mit Untergrenzen von 2–7 km. Die Namen der zu dieser Familie gehörenden Wolken beginnen mit der Silbe **Alto** (lat. *altus* = hoch): **Alto**cumulus, **Alto**stratus.

Tiefe Wolken

mit Untergrenzen vom Erdboden bis 2 km. Die Namen der zu dieser Familie gehörenden Wolken haben keine besondere Vorsilbe: Cumulus, Stratocumulus, Stratus.

Die Höhenstufen wurden so gewählt, dass das oberste Stockwerk nur reine **Eiswolken** enthält. Im mittleren finden sich sogenannte **Mischwolken**, die neben Eiskristallen auch flüssige Tröpfchen enthalten. In den Wolken des unteren Stockwerks schließlich gibt es nur flüssige Tröpfchen.

Stockwerkübergreifende Wolken

Die Wolkenklassifikation enthält noch eine vierte – sozusagen stockwerkübergreifende – Familie. Zu ihr zählen die Wolken mit einer so mächtigen Vertikalentwicklung, dass sie die Stockwerksgrenzen sprengen. Sie können auf dem Erdboden aufliegen (Wolkenuntergrenze 0 km) und bis in Höhen von 13 km reichen. In ihren Namen findet sich stets die Silbe **nimb** (lat. *nimbus* = Regenwolke): Cumulo**nimb**us, **Nimb**ostratus.

Diese Definition der Höhenstufen bringt es mit sich, dass die einzelnen Wolkenstockwerke im Sommer höher liegen als im Winter (daher die Überschneidung bei der Grenzangabe für die Bereiche der hohen und der mittelhohen Wolken). Für andere Klimazonen, wie etwa die heißen Tropen oder die kalten Polargebiete, gelten andere Höhengrenzen (siehe Tabelle 3, Seite 34).

Wolkengattungen

Das **zweite Gliederungsmerkmal** ist die **Gattung**. Sie legt die prinzipielle Wolkenform **innerhalb der einzelnen Familien** fest. Dazu werden drei grundlegende Formen unterschieden: haufenförmig, schichtförmig und schleierförmig.

Haufenförmig

Die Namen der haufenförmigen Wolken enden stets auf **cumulus** (lat. *cumulus* = Ansammlung, Haufen): Cirro**cumulus**, Alto**cumulus**, Strato**cumulus**, **Cumulus**. Nicht ins Schema passt allerdings die haufenförmige, stockwerkübergreifende Wolke (4. Familie): Sie müsste eigentlich Nimbocumulus heißen, tatsächlich ist ihr Name aber Cumulonimbus.

Schichtförmig

Die Namen der schichtförmigen Wolken enden stets auf **stratus** (lat. zweites Partizip von *sternere* = ausdehnen, aus-

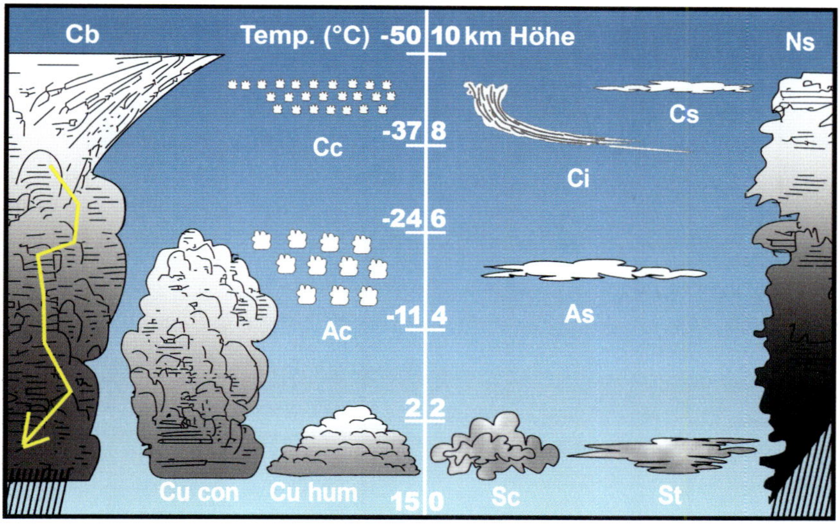

Wolkengattungen und ihre Stockwerke (Temperaturen: Mittelwerte nach NOAA)

breiten, bedecken): Cirro**stratus**, Alto**stratus**, **Stratus**, Nimbo**stratus**.

Schleierförmig

Schleierförmige Wolken gibt es nur im Bereich der hohen Wolken. Aus diesem Grund benötigt man keine kennzeichnende Nachsilbe. Die betreffende Wolke heißt einfach nur **Cirrus**.

Beschreibung der 10 Wolkengattungen

Mit Hilfe der vorgenannten Gliederungsmerkmale und der Tatsache, dass es bei den tiefen Wolken zweierlei Haufenformen gibt, lassen sich 10 Wolkengattungen festlegen. Die folgende Beschreibung stützt sich im Wesentlichen auf die Definitionen des Internationalen Wolkenatlas.

Zu jedem Gattungsnamen gibt es auch eine Kurzform, die aus einem Groß- und einem Kleinbuchstaben besteht, z. B. Ci für Cirrus (siehe unten).

Hohe Wolken, schleierförmig:
Cirrus (Ci)
Isolierte Wolken in Form weißer, zarter Fäden oder weißer bzw. überwiegend weißer Flecken oder schmaler Bänder. Diese Wolken zeigen ein faseriges (haarähnliches) Aussehen oder einen seidigen Schimmer oder beides. Wegen der tiefen Temperaturen in ihrer Umgebung (üblicherweise unter −40 °C) bestehen sie ausschließlich aus Eiskriställchen. Halos (Seite 67) sind zwar häufig, treten aber meist nur bruchstückhaft auf. Gelegentlich sind die Wolken so dünn, dass sie beim Durchfliegen überhaupt nicht wahrgenommen werden (Bsp. Seite 56).

Hohe Wolken, haufenförmig:
Cirrocumulus (Cc)
Dünne, weiße Flecken, Felder oder Schichten von Wolken ohne Eigenschat-

Tab. 2 Wolkenklassifikation (in Klammern: Seite, auf der die Wolkengruppe beschrieben ist

Familie (28)	Gattung (28)	Abk.	Symbol	Art (36)	Abk.
Hohe Wolken (28)	schleierförmig: Cirrus (29)	Ci		fibratus (36)	fib
				uncinus (36)	unc
				spissatus (36)	spi
				castellanus (36)	cas
				floccus (37)	flo
	haufenförmig: Cirrocumulus (32)	Cc		stratiformis (37)	str
				lenticularis (37)	len
				castellanus (36)	cas
				floccus (37)	flo
	schichtförmig: Cirrostratus (32)	Cs		fibratus (36)	fib
				nebulosus (37)	neb
Mittelhohe Wolken (28)	haufenförmig: Altocumulus (33)	Ac		stratiformis (37)	str
				lenticularis (37)	len
				castellanus (36)	cas
				floccus (37)	flo
	schichtförmig: Altostratus (34)	As			
Tiefe Wolken (28)	haufenförmig: Stratocumulus (durch Turbulenz entstanden) (34)	Sc		stratiformis (37)	str
				lenticularis (37)	len
				castellanus (36)	cas

Unterart (38)	Abk.	Sonderformen/ Begleitwolken (38)	Abk.	Mutterwolken
intortus (38)	in	mamma (39)	mam	Cirrocumulus
radiatus (38)	ra			Altocumulus
vertebratus (38)	ve			Cumulonimbus
duplicatus (38)	du			
undulatus (38)	un	virga (39)	vir	
lacunosus (38)	la	mamma (39)	mam	
duplicatus (38)	du			Cirrocumulus
undulatus (38)	un			Cumulonimbus
translucidus (38)	tr	virga (39)	vir	Cumulus
perlucidus (38)	pe	mamma (39)	mam	Cumulonimbus
opacus (39)	op			
duplicatus (38)	du			
undulatus (38)	un			
radiatus (38)	ra			
lacunosus (38)	la			
translucidus (38)	tr	virga (39)	vir	Altocumulus
opacus (39)	op	praecipitatio (39)	pra	Cumulonimbus
duplicatus (38)	du	pannus (39)	pan	
undulatus (38)	un	mamma (39)	mam	
radiatus (38)	ra			
translucidus (38)	tr	mamma (39)	mam	Altostratus
perlucidus (38)	pe	virga (39)	vir	Nimbostratus
opacus (39)	op	praecipitatio (39)	pra	Cumulus
duplicatus (38)	du			Cumulonimbus
undulatus (38)	un			
radiatus (38)	ra			
lacunosus (38)	la			

Tab. 2 Fortsetzung

Familie	Gattung	Abk.	Symbol	Art	Abk.
Tiefe Wolken (28)	Cumulus (durch Konvektion entstanden) (34)	Cu		humilis (37)	hum
				mediocris (37)	med
				congestus (37)	con
				fractus (37)	fra
	schichtförmig: Stratus (35)	St	— —	nebulosus (37)	neb
				fractus (37)	fra
Stockwerkübergreifende Wolken (28)	haufenförmig: Cumulonimbus (35)	Cb		calvus (37)	cal
				capillatus (37)	cap
	schichtförmig: Nimbostratus (35)	Ns			

ten, die aus sehr kleinen, körnig, gerippelt o. Ä. aussehenden, miteinander verwachsenen oder isolierten Wolkenteilen bestehen und mehr oder weniger regelmäßig angeordnet sind. Die meisten Wolkenteile haben in der Regel eine scheinbare Breite von weniger als 1 Grad (1 Grad ist die Breite des kleinen Fingers bei ausgestrecktem Arm; Seite 62). Auch sie bestehen aus feinen Eiskriställchen, nur ausnahmsweise enthalten sie unterkühlte Wassertröpfchen.

Halophänomene (Seite 67) treten häufig auf, sind aber wegen der Kleinheit der Wolkenelemente meist nur bruchstückhaft ausgebildet (Bsp. Seite 62).

Hohe Wolken, schichtförmig:
Cirrostratus (Cs)
Durchscheinender, weißlicher Wolkenschleier von faserigem (haarähnlichem) oder glattem, nebelartigem Aussehen, der den Himmel ganz oder teilweise bedeckt und i. A. Haloerscheinungen her-

Unterart	Abk.	Sonderformen/ Begleitwolken	Abk.	Mutterwolken
radiatus (38)	ra	pileus (39)	pil	Altocumulus
		velum (39)	vel	Stratocumulus
		virga (39)	vir	
		praecipitatio (39)	pra	
		arcus (39)	arc	
		pannus (39)	pan	
		tuba (39)	tub	
opacus (39)	op	praecipitatio (39)	pra	Nimbostratus
translucidus (38)	tr			Cumulus
undulatus (38)	un			Cumulonimbus
		praecipitatio (39)	pra	Altocumulus
		virga (39)	vir	Altostratus
		pannus (39)	pan	Nimbostratus
		incus (39)	inc	Stratocumulus
		mamma (39)	mam	Cumulus
		pileus (39)	pil	
		velum (39)	vel	
		arcus (39)	arc	
		tuba (39)	tub	
		praecipitatio (39)	pra	Cumulus
		virga (39)	vir	Cumulonimbus
		pannus (39)	pan	

vorruft. Die oft prächtigen Halophänomene (Seite 67) bestätigen, dass die Wolken ausschließlich aus Eiskriställchen bestehen (Bsp. Seite 64).

Mittelhohe Wolken, haufenförmig:
Altocumulus (Ac)
Weiße und/oder graue Flecken, Felder oder Schichten von Wolken, i. A. mit Eigenschatten, aus schuppenartigen Teilen, Ballen, Walzen usw. bestehend, die manchmal teilweise faserig oder diffus aussehen und zusammengewachsen sein können. Sie gehören zu den sogenannten Mischwolken, die Eiskriställchen und unterkühlte Wassertröpfchen gleichzeitig enthalten. Ausnahmsweise können sich in ihnen auch noch einzelne Wassertröpfchen mit Temperaturen über 0 °C aufhalten. Haloerscheinungen treten nur selten auf. Dafür kann man öfter Kränze (Seite 96) und Irisieren (Seite 97) beobachten. Die Tröpfchendurchmesser liegen zwischen 2 und 25 mm;

Tab. 3 Wolkenstockwerke nach der internationalen Klassifikation			
Wolkenstockwerk	Polargebiete	Gemäßigte Zonen	Tropische Zone
Oberes	3–8 km	5–13 km	6–18 km
Mittleres	2–4 km	2–7 km	2–8 km
Unteres	Erdboden bis 2 km	Erdboden bis 2 km	Erdboden bis 2 km

die meisten Tröpfchen haben Durchmesser um 8 mm. Jeder m^3 Wolkenluft enthält etwa 0,3 g Wasser.

Mittelhohe Wolken, schichtförmig:
Altostratus (As)
Graue oder bläuliche Wolkenfelder oder -schichten von streifigem, faserigem oder einförmigem Aussehen, die den Himmel ganz oder teilweise bedecken und stellenweise gerade so dünn sind, dass die Sonne wenigstens schwach wie durch Mattglas zu erkennen ist. Bei Altostratus handelt es sich um eine Mischwolke. Haloerscheinungen treten nur selten auf. Dafür kann man öfter Kränze (Seite 96) und Irisieren (Seite 97) beobachten. Die Tröpfchendurchmesser liegen zwischen 2 und 25 mm. Der Wassergehalt kann innerhalb weiter Grenzen schwanken. Üblicherweise liegt er zwischen 0,05 und 1,5 g pro m^3 Wolkenluft (Bsp. Seite 94).

Tiefe Wolken, haufenförmig, durch Turbulenz entstanden:
Stratocumulus (Sc)
Graue und/oder weißliche Flecken, Felder oder Schichten von Wolken, die fast stets dunkle Stellen aufweisen, aus mosaikartigen Schollen sowie aus Ballen, Walzen usw. bestehen, die (ausgenommen bei Virga-Bildung; Seite 133) von nichtfaseriger Struktur sind und zusammengewachsen sein können. Die meisten der regelmäßig angeordneten kleineren Wolkenelemente haben eine scheinbare Breite zwischen 1 und 5 Grad (5 Grad entspricht der scheinbaren Breite von 3 Fingern bei ausgestrecktem Arm; vgl. auch oben: Altocumulus). Sie bestehen aus Tröpfchen mit Temperaturen über 0 °C, nur in Ausnahmefällen sind unterkühlte mit dabei. Die Tröpfchendurchmesser betragen etwa 8 mm. In jedem m^3 Wolkenluft sind etwa 0,3 g Wasser enthalten. Optische Erscheinungen sind selten (Bsp. Seite 100, 112ff.).

Tiefe Wolken, haufenförmig, durch Konvektion entstanden:
Cumulus (Cu)
Isolierte, durchweg dichte und scharf abgegrenzte Wolken, die sich in der Vertikalen in Form von Hügeln, Kuppeln oder Türmen entwickeln, deren aufquellende obere Teile oft wie ein Blumenkohl aussehen. Die von der Sonne beschienenen Teile dieser Wolken sind meist leuchtend weiß. Ihre Untergrenze ist verhältnismäßig dunkel und verläuft horizontal. Manchmal sind die Cumulus-Wolken zerfetzt.

Die Temperaturen im Cumulus-Niveau liegen normalerweise über 0 °C, deshalb sind unterkühlte Tropfen die Ausnahme. Sehr unterschiedlich ist die Größe der Tröpfchen: Ihre Durchmesser reichen von 18 mm bei flachen Cumulus humilis (Seite 101) bis zu 50 mm bei mächtigen Cumulus congestus (Seite 107). Je nach vertikaler Entwicklung enthält 1 m^3 Wolkenluft etwa 1 bis zu 4 g Wasser. Optische Erscheinungen sind selten (Bsp. Seite 99, 101ff.).

Tiefe Wolken, schichtförmig:
Stratus (St)
Eine durchgehend graue Wolkenschicht mit ziemlich einförmiger Untergrenze, aus der Sprühregen, Eisprismen oder Schneegriesel fallen können. Ist die Sonne durch die Wolken hindurch sichtbar, so zeigt sie einen scharfen Rand (Seite 122). Optische Erscheinungen sind selten. Manchmal kommt Stratus in Form zerfetzter Schwaden vor.

Die Wolken bestehen aus normalen, ggf. unterkühlten Wassertröpfchen, die sehr unterschiedliche Durchmesser haben. 10 mm darf als grober Richtwert gelten. Jeder m^3 Wolkenluft enthält zwischen 0,01 und 0,4 g Wasser (Bsp. Seite 119).

Stockwerkübergreifende Wolken, haufenförmig:
Cumulonimbus (Cb)
Eine massige und dichte Wolke von beträchtlicher vertikaler Ausdehnung in Form eines hohen Berges oder mächtigen Turmes. Zumindest teilweise weist der obere Wolkenabschnitt glatte Formen auf oder ist faserig oder streifig und fast stets abgeflacht. Dieser Teil breitet sich vielfach ambossförmig oder wie ein großer Federbusch aus. Unterhalb der häufig sehr dunklen Wolkenuntergrenze befinden sich oft niedrige, zerfetzte Wolken, die mit der Hauptwolke zusammengewachsen sein können.

Cumulonimbus enthält alle Formen von Wolkenpartikeln. Die Tröpfchen sind sehr groß: zwischen 4 und 200 mm, sodass jeder m^3 Wolkenluft bis über 4 g Wasser mit sich führen kann. Niederschläge – praktisch ausschließlich in Form von Schauern – gehören zur Definition des Cumulonimbus. Die häufig erhebliche Intensität der Schauer liefert den überzeugenden Beweis für den hohen Wassergehalt dieser Wolken. Eine häufige optische Erscheinung ist der Regenbogen (Bsp. Seite 125).

Stockwerkübergreifende Wolken, schichtförmig:
Nimbostratus (Ns)
Graue, häufig dunkle Wolkenschicht, aus der üblicherweise anhaltend Regen- oder Schnee fällt. Die Schicht ist so dicht, dass die Sonne unsichtbar wird. Unterhalb der Schicht treten häufig niedrige, zerfetzte Wolken auf, die mit ihr zusammenwachsen können.

Auch Nimbostratus enthält alle Formen von Wolkenpartikeln. Trotz der hohen Tropfenzahl von über 300 pro m^3 ist ihr Wassergehalt bescheiden: rund 0,3 g je m^3. Der Grund dafür ist, dass die Tröpfchen mit 5 mm Durchmesser relativ klein sind.

Eine häufige optische Erscheinung ist der Regenbogen (Bsp. Seite 139).

Arten, Unterarten, Sonderformen und Begleitwolken

Ein einziger Blick zum Himmel genügt, um sich klarzumachen, dass mit den 10 Wolkengattungen die Formenvielfalt der Wolken auch nicht annähernd zu erfassen ist. Dazu sind noch viele weitergehende Differenzierungen erforderlich. Man erreicht sie durch Einführen von Arten und Unterarten. Darüber hinaus hat man eine Reihe von Sonderformen und Begleitwolken definiert.

Die insgesamt **14 Arten** ermöglichen eine nähere Beschreibung der **Höhe** und **Ausdehnung (Volumen)**, der **Oberflächenbeschaffenheit**, der **Gestalt** und des **inneren Aufbaues (Struktur)** der Wolke. So gibt es z. B. die Arten: humilis (= niedrig), calvus (= glatt), castellanus

(= zinnenförmig) oder fibratus (= faserig). Selbstverständlich tritt nicht innerhalb jeder Gattung tatsächlich auch jede Art auf. Für die Gattung Altostratus beispielsweise gibt es überhaupt keine Arten. Welche Arten innerhalb der einzelnen Gattungen möglich sind, ist in der Tabelle 2 (Seite 30) zusammengestellt. Jede Wolke kann nur jeweils einer Art angehören.

Mithilfe der **9 Unterarten** wird die **Anordnung der verschiedenen Wolkenteile** sowie die **Durchlässigkeit der Wolke für das Licht** von Sonne und Mond beschrieben. Als Beispiele seien aufgeführt: undulatus (= wellenförmig) oder translucidus (= durchscheinend).

Nicht alle Unterarten treten bei allen Gattungen auf; das ist genauso wie bei den Arten. Eine mächtige Schauerwolke der Gattung Cumulonimbus beispielsweise kann nicht translucidus (= durchscheinend) sein, ein feinfaseriger Cirrus nicht opacus (= undurchsichtig). Eine Wolke kann aber mehreren Unterarten gleichzeitig angehören.

Viele Wolken besitzen arttypische **Sonderformen** oder sie treten zusammen mit **spezifischen Begleitwolken** auf. Beispiele: praecipitatio (= sichtbar fallender Niederschlag; Seite 132), wie er sich gerne an der Unterseite von Nimbostratus zeigt oder incus (= Amboss), der sich schirmartig über Cumulonimbus-Wolken ausbreitet (Seite 129).

Wie oben schon gesagt, sind die Sonderformen und Begleitwolken arttypisch, d. h., sie treten jeweils nur zusammen mit ganz bestimmten, keinesfalls mit allen Wolkengattungen auf.

Für jede Art, Unterart und Sonderform bzw. Begleitwolke gibt es ein aus zwei beispielsweise drei Kleinbuchstaben bestehendes Kürzel, oder auch unc für die Art uncinus; ra für die Unterart radiatus und mam für die Begleitwolke mamma.

In der internationalen Wolkenklassifikation sind die Arten, Unterarten, Sonderformen und Begleitwolken wie folgt beschrieben:

Arten

▶ **fibratus (fib)**, lat.: faserig
Vereinzelte Wolken oder auch ein dünner Wolkenschleier, die aus beinahe geradlinig oder auch mehr oder weniger unregelmäßig gekrümmten Fasern bestehen, die jedoch nicht haken- oder büschelförmig enden. Diese Bezeichnung wird hauptsächlich bei Cirrus und Cirrostratus angewendet (Bsp. Seite 48ff.).

▶ **uncinus (unc)**, lat.: hakenförmig
Cirrus, oft in Form eines Kommas, nach oben hakenförmig oder in Büscheln auslaufend, deren oberer Teil nicht die Form einer Quellung hat (Bsp. Seite 44ff.).

▶ **spissatus (spi)**, lat.: verdichtet
Cirrus, der (optisch) so dicht ist, dass er bei Beobachtung gegen die Sonne grau erscheint (Bsp. Seite 56ff.).

▶ **castellanus (cas)**, lat.: zinnenförmig
Wolken, die im oberen Abschnitt wenigstens teilweise Aufquellungen in Form von Türmchen haben, die der Wolke im Allgemeinen ein zinnenartiges Aussehen verleihen. Die Türmchen, von denen einige sich mehr nach oben als in die Breite entwickelt haben, sind durch eine gemeinsame Basis miteinander verbunden und erscheinen reihenartig angeordnet. Der Castellanus-Charakter wird besonders deutlich, wenn die Wolke von der Seite betrachtet wird. Diese Bezeichnung wird bei Cirrus, Cirrocu-

mulus, Altocumulus und Stratocumulus angewendet (Bsp. Seite 18, 59, 84ff.).

▶ **floccus (flo)**, lat.: Bausch, Flocke
Eine Wolkenart, bei der jede Einzelwolke wie ein kleiner Cumulus-förmiger Bausch aussieht, dessen unterer Teil mehr oder weniger ausgefranst ist, wobei häufig Virga-Bildung auftritt. Diese Bezeichnung wird bei den Gattungen Cirrus, Cirrocumulus und Altocumulus angewendet (Bsp. Seite 60).

▶ **stratiformis (str)**, lat.: schichtförmig
Wolken, die sich in ausgedehnten horizontalen Feldern oder Schichten erstrecken. Diese Bezeichnung wird bei Altocumulus, Stratocumulus und gelegentlich auch Cirrocumulus angewendet (Bsp. Seite 62, 77ff.).

▶ **nebulosus (neb)**, lat.: nebelartig
Eine nebelartige Wolke in Form eines Schleiers oder einer Schicht, die keine deutlichen Einzelheiten erkennen lässt. Diese Bezeichnung wird hauptsächlich bei Cirrostratus und Stratus angewendet (Bsp. Seite 65ff., 119ff.).

▶ **lenticularis (len)**, lat.: linsenförmig
Wolken in der Form von Linsen oder Mandeln, die häufig außerordentlich langgestreckt sind und gewöhnlich deutliche Umrisse haben. Derartige Wolken werden oftmals durch Geländeeinflüsse (Seite 18) hervorgerufen, können jedoch auch in Gebieten angetroffen werden, die keine ausgeprägten Gebirgserhebungen haben. Die Bezeichnung wird bei Cirrocumulus, Altocumulus und Stratocumulus angewendet (Bsp. Seite 90ff., 117).

▶ **fractus (fra)**, lat.: durchbrochen
Wolken in Form von unregelmäßigen Fetzen mit deutlich zerrissenem Aussehen. Diese Bezeichnung wird nur bei Stratus und Cumulus angewendet (Bsp. Seite 111).

▶ **humilis (hum)**, lat.: niedrig
Cumulus-Wolken von nur geringer vertikaler Ausdehnung, die i. A. abgeflacht aussehen (Bsp. Seite 101ff.).

▶ **mediocris (med)**, lat.: mittelmäßig
Cumulus-Wolken von mäßiger vertikaler Ausdehnung, deren Oberteile nur verhältnismäßig kleine Quellformen haben (Bsp. Seite 104ff.).

▶ **congestus (con)**, lat.: angehäuft
Cumulus-Wolken, die kräftig aufquellen und häufig von bedeutender vertikaler Ausdehnung sind. Ihre aufgewölbten oberen Teile gleichen oft einem Blumenkohl (Bsp. Seite 107ff.).

▶ **calvus (cal)**, lat.: kahl, glatt
Ein Cumulonimbus, bei dem wenigstens einige der Aufquellungen des oberen Abschnitts ihre Cumulus-förmigen Umrisse zu verlieren beginnen; es sind jedoch noch keine cirrusartigen Teile zu erkennen. Die Aufquellungen und herauswachsenden Teile bilden meist eine weißliche Masse mit etwa vertikal verlaufender Streifung (Bsp. Seite 131).

▶ **capillatus (cap)**, lat.: behaart
Ein Cumulonimbus, bei dem – meist im oberen Abschnitt – ausgeprägte Cirrus-artige Gebilde von deutlich faseriger oder streifiger Struktur vorhanden sind, die häufig die Form eines Ambosses, eines Federbüschels oder einer großen, mehr oder weniger wirren Menge von Haaren haben. Bei Cumulonimbus capillatus treten gewöhnlich Schauer oder Gewitter, häufig mit Böen und manch-

mal mit Hagel auf; oft kommt es zu sehr gut ausgeprägter Virga-Bildung (Bsp. Seite 125ff.).

Unterarten

▶ **intortus (in)**, lat.: verwickelt, verdreht, verflochten
Cirrus, dessen Fäden sehr unregelmäßig gekrümmt und häufig scheinbar regellos miteinander verflochten sind (Bsp. Seite 47, 50).

▶ **vertebratus (ve)**, lat.: skelettartig
Wolken, deren Teile ihrer Anordnung nach an eine Wirbelsäule, Rippen oder ein Fischskelett erinnern. Diese Bezeichnung wird hauptsächlich bei Cirrus angewendet (Bsp. Seite 53ff.).

▶ **undulatus (un)**, lat.: wellenartig
Wolkenflecken, -felder oder -schichten in Wellenanordnung. Diese Wellenbildung kann bei verhältnismäßig gleichförmigen Wolkenschichten oder auch bei Wolken, deren Teile miteinander verwachsen oder voneinander getrennt sind, beobachtet werden. Manchmal ist ein doppeltes Wellensystem vorhanden. Diese Bezeichnung wird hauptsächlich bei Cirrocumulus, Cirrostratus, Altocumulus, Altostratus, Stratocumulus und Stratus angewendet (Bsp. Seite 62, 77ff., 94, 114ff.).

▶ **radiatus (ra)**, lat.: strahlenförmig
Wolken, die breite, parallele Bänder aufweisen oder in parallelen Streifen so angeordnet sind, dass sie aufgrund der Perspektivwirkung am Horizont in einem oder – falls die Bänder sich über den ganzen Himmel erstrecken – in zwei gegenüberliegenden Punkten, den sogenannten Radiationspunkten, scheinbar zusammenlaufen. Diese Bezeichnung wird hauptsächlich bei Cirrus, Altocumulus, Altostratus, Stratocumulus und Cumulus angewendet (Bsp. Seite 52, 81, 151 oben).

▶ **lacunosus (la)**, lat.: durchlöchert
Wolkenflecken, -felder oder -schichten, die gewöhnlich ziemlich dünn sind und als wesentliche Merkmale mehr oder weniger regelmäßig verteilte runde Löcher haben, deren Ränder häufig ausgefranst sind. Die Wolkenteile und wolkenfreien Zwischenräume rufen oft den Eindruck eines Netzes oder von Honigwaben hervor. Diese Bezeichnung wird hauptsächlich bei Cirrocumulus und Altocumulus und – wenn auch sehr selten – bei Stratocumulus angewendet (Bsp. Seite 63).

▶ **duplicatus (du)**, lat.: verdoppelt
Dicht übereinander angeordnete Wolkenflecken, -felder oder -schichten, die manchmal teilweise miteinander verwachsen sind. Diese Bezeichnung wird hauptsächlich bei Cirrus, Cirrostratus, Altocumulus, Altostratus und Stratocumulus angewendet.

▶ **translucidus (tr)**, lat.: durchscheinend
Wolken in ausgedehnten Flecken, Feldern oder Schichten, die größtenteils so durchsichtig sind, dass die Stellung von Sonne oder Mond zu erkennen ist. Diese Bezeichnung wird bei Altocumulus, Altostratus, Stratocumulus und Stratus angewendet (Bsp. Seite 82, 83).

▶ **perlucidus (pe)**, lat.: durch Zwischenräume hindurchscheinend
Wolken in ausgedehnten Flecken, Feldern oder Schichten mit deutlich ausgeprägten, jedoch nur sehr kleinen Lücken zwischen den einzelnen Wolkenteilen.

Durch diese Zwischenräume können die Sonne, der Mond, das Himmelsblau oder darüber liegende Wolken sichtbar werden. Diese Bezeichnung wird bei Altocumulus und Stratocumulus angewendet (Bsp. Seite 82, 83).

▶ **opacus (op)**, lat.: undurchsichtig
Wolken in ausgedehnten Flecken, Feldern oder Schichten, die größtenteils so lichtundurchlässig sind, dass Sonne oder Mond völlig verdeckt werden. Diese Bezeichnung wird bei Altocumulus, Altostratus, Stratocumulus und Stratus angewendet (Bsp. Seite 93, 119ff.).

Sonderformen und Begleitwolken

▶ **incus (inc)**, lat.: Amboss
Oberer Teil einer Cumulonimbus-Wolke, der sich in Form eines Ambosses mit glattem, faserigem oder gestreiftem Aussehen ausgebreitet hat (Bsp. Seite 125ff.).

▶ **mamma (mam)**, lat.: Euter, Busen
Hängende, beutelartige Quellformen an der Unterseite einer Wolke. Diese Sonderform kommt meist bei Cirrus, Cirrocumulus, Altocumulus, Altostratus, Stratocumulus, Nimbostratus und Cumulonimbus vor (Bsp. Seite 137, 138).

▶ **virga (vir)**, lat.: Rute, Stock, Zweig
Niederschlag, der den Erdboden nicht erreicht, in Form von vertikal oder schräg herabhängenden Schleppen (Fallstreifen) an der Unterseite einer Wolke. Diese Sonderform kommt meist bei Cirrocumulus, Altocumulus, Altostratus, Nimbostratus, Stratocumulus, Cumulus und Cumulonimbus vor (Bsp. Seite 61 Stereobild, 88).

▶ **praecipitatio (pra)**, lat.: Fall, Sturz
Niederschlag, der aus einer Wolke fällt und den Erdboden erreicht. Diese Sonderform kommt nur bei Niederschlag vor (Bsp. Seite 132).

▶ **arcus (arc)**, lat.: Bogen, Gewölbe
Eine dichte, horizontale Walze mit mehr oder weniger zerfetzten Rändern, die am unteren Teil der Vorderseite bestimmter Wolken auftritt. Sie hat bei größerer Ausdehnung das Aussehen eines dunkel drohenden Bogens. Diese Sonderform tritt vorwiegend bei Cumulonimbus auf (Bsp. Seite 134, 136).

▶ **tuba (tub)**, lat.: Trompete, Röhre
Eine Wolkensäule oder ein umgekehrter Wolkenkegel, aus einer Wolkenbasis herauswachsend. Hierdurch wird eine kräftige Wirbelbewegung sichtbar. Diese Sonderform kommt bei Cumulonimbus und weniger häufig auch bei Cumulus vor.

▶ **pileus (pil)**, lat.: Haube, Kappe
Eine Begleitwolke von geringer horizontaler Erstreckung in Form einer Kappe oder Haube über dem Wolkengipfel oder unmittelbar am oberen Teil einer Cumulus-artigen Wolke, von der sie oft durchstoßen wird. Kommt ausschließlich bei Cumulus oder Cumulonimbus vor (Bsp. Seite 109, 110).

▶ **velum (vel)**, lat.: Segel
Begleitwolke in Schleierform. Sie kommt ausschließlich bei Cumulus und Cumulonimbus vor.

▶ **pannus (pan)**, lat.: Fetzen, Lumpen
Zerfetzte Wolkenteile, kommt meist bei Altostratus, Nimbostratus, Cumulus und Cumulonimbus vor (Bsp. Seite 140).

Die Wolken der internationalen Klassifikation in Bildern

Erläuterungen zu den Wolkenbildern

Unter jedem Wolkenfoto ist eine kleine Tabelle mit den Gliederungsmerkmalen der gezeigten Wolken abgedruckt. Dabei steht in der zweiten Spalte jeweils die deutsche, in der dritten die internationale – lateinische – Bezeichnung und in der vierten die internationale Kurzform.

Ergänzt werden die Erläuterungen durch einen kleinen Wolkensteckbrief, der anhand von Piktogrammen über die wichtigsten Eigenschaften der Wolke informiert. Er besteht aus zwei Kästen. Der rechte gibt die **Wolkenhöhe** und die **Wolkengattung** an. Dazu ist er in drei Felder eingeteilt, die den drei Wolkenstockwerken (in Mitteleuropa) entsprechen. Die weißen Zahlen in der jeweiligen oberen linken Ecke kennzeichnen die ungefähren **Stockwerkobergrenzen** in Kilometern. Das betreffende Wolkensymbol ist in dem Stockwerk eingetragen, in dem sich die Wolke aufhält. Die Bedeutung der Symbole finden Sie auf der hinteren aufgeklappten Umschlaginnenseite.

Auch der linke Kasten ist in drei Felder eingeteilt. Das obere zeigt das **internationale Symbol** der vorgestellten Wolke. Das mittlere beschreibt den **Aggregatzustand** der Wolkenelemente. Im unteren sind die **Wettererscheinungen** und die **optischen Phänomene** aufgelistet, die bei der vorgestellten Wolke üblicherweise auftreten. Auch

diese Symbole sind auf der hinteren Umschlagklappe erklärt.

Ein Beispiel soll die Symoblik erläutern. Bei dem gezeigten Wolkensteckbrief handelt es sich um eine stockwerkübergreifende Haufenwolke, also um einen Cumulonimbus. Die Wolke enthält flüssige Tröpfchen mit Temperaturen über 0 °C, unterkühlte Tröpfchen und Eispartikel. Aus ihr können Regen, Schnee und Hagel fallen, meist als Schauer, von Gewittern begleitet und schließlich von einem Regenbogen gekrönt.

Hinweise zum Betrachten der Stereobilder

Einige der folgenden Wolkenbilder sind in stereoskopischer Wiedergabe gedruckt. Der Einfachheit halber wurde dazu die sogenannte Kreuzblick- (Crossview-) oder Schielmethode angewendet, die keinerlei Hilfsmittel benötigt.
Gehen Sie bitte zum Betrachten wie folgt vor:
Drehen Sie das Buch im Uhrzeigersinn (nach rechts) um 90°. Setzen Sie die Nasenspitze auf das Papier genau zwischen das Stereobildpaar. Schielen Sie mit dem rechten Auge über die Nasenspitze hinweg nach links und mit dem linken nach rechts. Jetzt entfernen Sie das Buch ganz langsam nach vorne, bis das Gedruckte scharf erscheint. Sie können dann drei Bilder nebeneinander erkennen. Das mittlere ist das dreidimensionale. Sollte sich der Stereoeffekt bei diesem Bild nicht gleich einstellen, dann drehen Sie das Buch leicht im oder gegen den Uhrzeigersinn, bis die drei Bilder exakt in einer Linie erscheinen, dann wird sich auch schnell der 3-D-Effekt zeigen. Sollte es am Anfang Schwierigkeiten geben, dann verhilft ein bisschen Übung rasch zum Erfolg.

Hohe Wolken

Die hohen Wolken halten sich in Höhen bis über 13 km auf. Dort sind Temperaturen von −40 °C etwas ganz Normales, −50 °C keine Seltenheit. Daraus ergeben sich zwei Folgerungen:

Da kalte Luft nicht so viel Wasser mit sich führen kann wie warme (Seite 5), kann in diesen Höhen nur sehr wenig Wasserdampf kondensieren. Die dabei entstehenden Wolken bleiben daher dünn, manchmal sogar weitgehend durchsichtig. Sie wirken deshalb sehr fein und zart, oft wie eine Schliere oder ein Hauch.

Darüber hinaus – und das ist die zweite wichtige Folgerung aus den tiefen Umgebungstemperaturen – bestehen die hohen Wolken ausschließlich aus **Eiskristallen**.

Ihre Kristallstrukturen lassen durch Brechung und Reflexion des Sonnen-, in selteneren Fällen auch des Mondlichtes prächtige optische Phänomene entstehen, die unter dem Begriff „Haloerscheinungen" zusammengefasst werden. Zu ihnen gehören ein- oder mehrfarbige senkrecht und waagerecht verlaufende Bänder und Ringe, oder Kombinationen daraus sowie prächtig in den Regenbogenfarben erstrahlende Lichtflecken. Ab Seite 67 werden die Haloerscheinungen im Detail vorgestellt und ihr Zustandekommen erklärt.

Prognose: Hohe Wolken sind oftmals Vorboten einer Wetterverschlechterung, insbesondere dann, wenn sie sich verdichten und Zug um Zug den ganzen Himmel überziehen. „Federwolken stehen am Himmel", mit diesem Satz wird auch heute noch manchmal im übertragenen Sinn zum Ausdruck gebracht, dass Ungemach droht. Je nach ihrem Verhalten können sie aber auch tagelang anhaltend sonniges und trockenes Wetter verkünden. Sie verlangen also eine sehr sorgfältige Beobachtung, sonst kann man mit einer Prognose schnell danebenliegen. So kennt man auch heute noch den alten Meteorologenspruch:

„Bei Frauen und Cirren
kann man sich irren"

(Näheres dazu ab Seite 44).

Ein Himmel voller hoher Wolken.

Cirrus uncinus

Familie:	hohe		
Gattung:	schleierförmig	Cirrus	Ci
Art:	hakenförmig	uncinus	unc

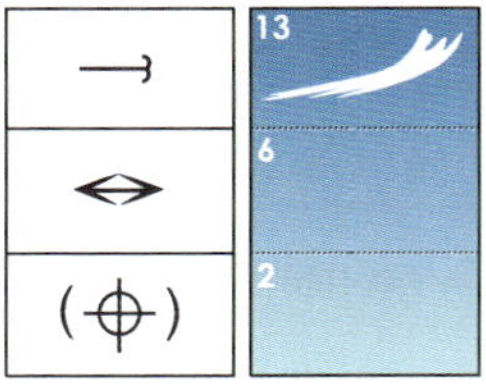

So stellt man sich landläufig Cirrus-Wolken vor: feine, zarte Federwölkchen – Haarlocken nicht unähnlich –, die lange haken- oder krallenförmige Fasern hinter sich herziehen. In der internationalen Wolkenklassifikation werden sie unter dem Namen Cirrus uncinus geführt. Cirrus steht im Lateinischen für Haarlocke oder Federbusch, uncinus leitet sich von *uncus* (= Haken) ab und bedeutet demnach hakenförmig.

Die Entstehungsweise (Seite 23) der hier gezeigten Wolken ist leicht zu erkennen. Aus zarten Wolkenbauschen fallen kleine Eiskristalle heraus, die vom Wind erfasst und fortgetragen werden. Dabei ordnen sie sich hintereinander an und erscheinen so dem Beobachter wie lange, feine Fasern.

Prognose: Ob diese Wolken anhaltend schönes Wetter oder eine heraufziehende Wetterverschlechterung ankündigen, ist aus einer Momentaufnahme nicht zu erkennen. Dazu muss man die Wolkenentwicklung verfolgen. Bleiben die Cirren in den nächsten Stunden oder den ganzen Tag über so unverändert dünn und locker, wie das Foto sie zeigt, oder verschwinden sie langsam, so darf man mit anhaltend schönem Wetter rechnen; verdichten sie sich aber zunehmend, so ist eine nachhaltige Wetterverschlechterung zu erwarten (Aufzug s. Seite 16).

Cirrus uncinus

Familie:	hohe		
Gattung:	schleierförmig	Cirrus	Ci
Art:	hakenförmig	uncinus	unc

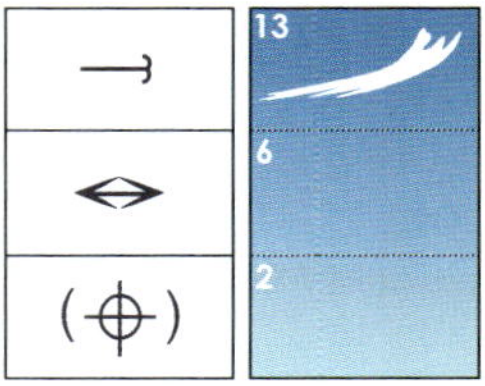

Auch dies sind typische Cirrus-Wolken mit ihren haken- oder krallenförmigen Fasern. Doch sie wirken ganz anders als die auf Seite 44: viel heller, leuchtender, plastischer. Der Grund dafür ist zunächst, dass sie dichter sind; dazu kommt, dass dass die untergehende Sonne die Wolken von hinten anstrahlt, und sie daher unverhältnismäßig hell aufleuchten lässt. Der dunkle, tiefblaue Himmel hinter ihnen tut ein Übriges dazu. Diesen Effekt kann man bei jedem gelungenen Gegenlicht-Foto beobachten. Die von hinten beleuchteten Objekte scheinen wegen ihrer besonderen Leuchtkraft außerordentlich plastisch aus dem Bild herauszutreten.

Die Sonne steht auf diesem Bild – verdeckt von der hohen Fichte – schon sehr flach über dem Horizont und wird bald untergehen. Dann werden diese Cirren lebhafte Abendrot-Farben annehmen (Seite 180). Wenn die Sonne so weit unter den Horizont gesunken sein wird, dass der Erdschatten über die Wolken fällt, wird ihre Färbung in ein fahles, immer schwächer werdendes Aschgrau übergehen.

Prognose: Ähnlich Seite 44. Allerdings sind die Wolken dichter als die auf dem linken Bild. Das könnte ein Hinweis darauf sein, dass ein Aufgleitvorgang im Gange ist (Seite 16), der Niederschläge bringen könnte.

Cirrus uncinus

Familie:	hohe		
Gattung:	schleierförmig	Cirrus	Ci
Art:	hakenförmig	uncinus	unc
Sonstige Wolken:	rechts oben einige Altocumulus-Wolken		

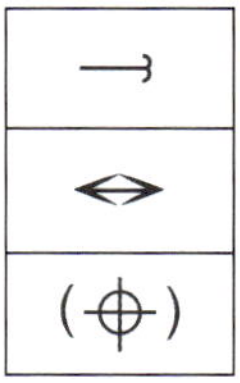

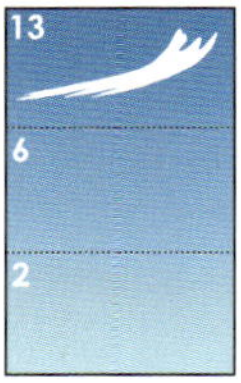

Auch auf diesem Bild sehen wir typische Cirrus-Wolken. Im Vergleich zu den bisherigen wirken sie allerdings dichter und mächtiger. Wegen der krallenförmig aufgebogenen Enden ihrer Fasern zählen sie aber dennoch zur Art Cirrus uncinus (Seite 36).

Die Entstehungsweise ist natürlich die gleiche wie bei den bisher gezeigten Cirrus-Wolken. Beim genauen Hinsehen kann man auch recht gut erkennen, dass sie aus herunterfallenden und vom Wind verschleppten Eiskristallen entstanden sind.

Prognose: Die Dichte, das voluminöse Aussehen und die gedrängte Anordnung dieser Wolken lässt eher auf heranziehendes Regenwetter als auf anhaltendes Schönwetter schließen.

Johann Wolfgang von Goethe war wohl von Cirren sehr angetan, denn er hat ihnen in seinem Wolken-Zyklus ein eigenes kleines Gedicht gewidmet:

Doch immer höher steigt der edle Drang!
Erlösung ist ein himmlisch leichter Zwang.
Ein Aufgehäuftes, flockig löst sich's auf,
Wie Schäflein trippelnd, leicht gekämmt zu Hauf.
So fließt zuletzt, was unten leicht entstand,
Dem Vater oben still in Schoß und Hand.

Cirrus uncinus (links), Cirrus uncinus intortus (rechts)

Familie:	hohe		
Gattung:	schleierförmig	Cirrus	Ci
Art:	hakenförmig	uncinus	unc
Unterart (re):	verflochten	intortus	in

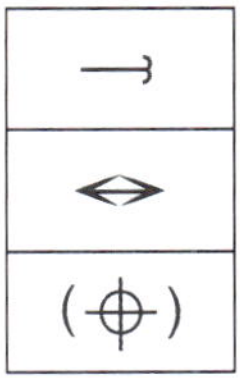

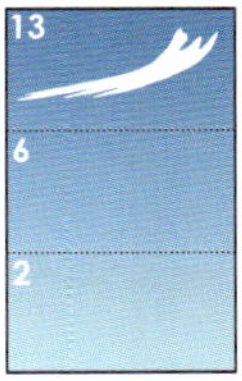

Das linke Bild zeigt noch einmal sehr deutlich, wie Cirrus uncinus entsteht. Wir sehen in Reihen angeordnete Wolkenbauschen, die zum Typ Cirrus floccus (Seite 37) gehören. Die aus ihnen herausfallenden winzigen Eiskristalle werden offensichtlich sofort von einem starken Höhenwind erfasst und nach links fortgeblasen (betrachten Sie dazu bitte auch das Stereo-Bildpaar auf Seite 61, wo dieser Vorgang in 3D zu sehen ist). Dass der Wind in der Höhe der Wolken sehr stark ist, erkennt man daran, dass die von den fallenden Eiskristallen gebildeten Fasern relativ scharfe Knicke zeigen, vergleichbar einem Komma. Ein Blick auf die Cirren von Seite 44 lässt den Unterschied zu mäßigem Höhenwind deutlich erkennen. *(Für besonders Interessierte: Streng genommen müsste man von „Scherung des Höhenwindes" sprechen, also von der Änderung der Windgeschwindigkeit mit der Höhe.)*

Die rechte Abbildung zeigt eine Unterart von Cirrus uncinus, nämlich **Cirrus uncinus intortus**. Das Wort „intortus" bedeutet im Lateinischen verdreht, verflochten. In der Tat scheinen die Cirren auf diesem Bild zu einem Zopf zusammengeflochten zu sein. Auf den nächsten Seiten werden uns noch weitere Wolken dieses Typs begegnen.

Cirrus fibratus

Familie:	hohe		
Gattung:	schleierförmig	Cirrus	Ci
Art:	faserförmig	fibratus	fib

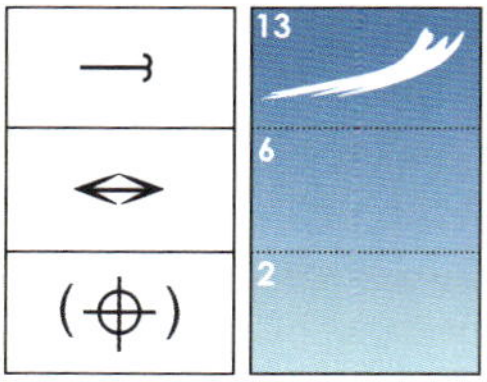

Auch diese Cirrus-Wolken bestehen aus langen, unterschiedlich dicken Fasern. Aber anders als bei den bisher betrachteten Cirrus-uncinus-Wolken fehlt den Fasern hier das haken-, krallen- oder kommaförmige Ende als charakteristisches Merkmal. Dafür sind sie erheblich länger als die, die uns bisher begegnet sind. Faserig heißt im Lateinischen *fibratus*, deshalb bekommen solche Wolken den Namen Cirrus fibratus. Auch sie bestehen ausnahmslos aus einer riesigen Zahl feiner Eiskristalle, die vom Wind verblasen werden. Bei Cirrus fibratus überwiegt die waagerechte Bewegung, die Fallbewegung aus Wolkenbauschen ist so gut wie vernachlässigbar.

Cirrus fibratus ist die verbreitetste Form der Cirrus-Wolken; sie ist weitaus häufiger als Cirrus uncinus. Allerdings sind so lange, fast schnurgerade Cirrus-fibratus-Fasern eher selten zu finden. Meist sind die Fasern viel kürzer und auch nicht so streng parallel angeordnet wie auf diesem Bild.

Prognose: Cirrus fibratus bildet sich gerne während der frühen Phasen einer Aufzugsbewölkung und darf dann als Vorzeichen für Regen- oder Schneefall gedeutet werden (vgl. Seite 49, 51).

Cirrus fibratus

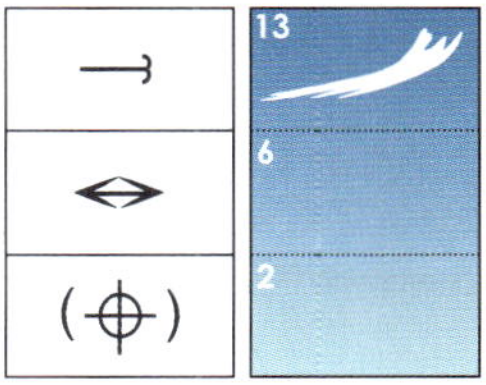

Familie:	hohe		
Gattung:	schleierförmig	Cirrus	Ci
Art:	faserförmig	fibratus	fib

Sonstige Wolken: am Horizont mittelhohe Haufenwolken: Cumulus mediocris

Dieses Foto zeigt uns einige Prachtexemplare von Cirrus-fibratus-Wolken mit scheinbar unendlich langen, schnurgeraden Fasern. Bernhard Mühr hat sie am Himmel über New Mexico aufgenommen. Er vermutet, dass sie von weit entfernten Gewitterwolken stammen. Der heftige Höhenwind dürfte sie aus den Ambossen (Seite 55) massiv entwickelter Cumulonimbus-Wolken abgelöst und bis an den Beobachtungsort getragen haben. Dort schweben sie in mindestens 8000 m Höhe, bei einer Temperatur um die −50 °C. Die vereisten oberen Partien von Gewitterwolken können oft mehrere Hundert Kilometer weit verfrachtet werden und viele Stunden lang existieren. Sie lassen sich im Sommer auch bei uns beobachten. Am Morgen nach heftigen Gewittern aus gewaltig entwickelten Cumulonimbus-Wolken (Seite 125ff.) ist der Himmel oft übersät mit den verschiedensten Cirrus-Arten, die aus den Ambossen der Gewitterwolken übrig geblieben sind.

Prognose: Sie verschwinden oft im Lauf des Vormittages wieder und machen – wenn die feucht-heiße Gewitterluft nicht durch kühlere ersetzt worden ist – neuen Quellwolken Platz, die dann am Nachmittag und Abend Gewitter aufkommen lassen können.

Cirrus fibratus intortus

Familie:	hohe		
Gattung:	schleierförmig	Cirrus	Ci
Art:	faserförmig	fibratus	fib
Unterart:	verflochten	intortus	in

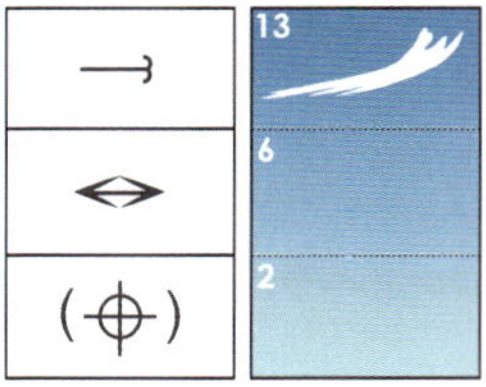

Diese beiden Bilder zeigen ebenfalls Cumulus-fibratus-Wolken. Beide gehören sie der Unterart „verflochten“ an, die uns auf Seite 47 schon einmal begegnet ist. Ihre Bezeichnung wäre also Cirrus fibratus intortus.

Auf dem oberen Bild erscheinen die Wolken wie miteinander verdrillt und verbogen. Auf dem rechten Bild sehen wir einen Cirrus fibratus mit sehr langen Fasern. Beim genauen Betrachten stellt man fest, dass diese Fasern – besonders im mittleren Strang – verdrillt erscheinen. Man denkt unwillkürlich an die Drähte eines Telefonkabels. Nicht zu den Cirren zählt die Wolkenbank am Horizont.

Cirrus fibratus (intortus)

Familie:	hohe		
Gattung:	schleierförmig	Cirrus	Ci
Art:	faserförmig	fibratus (intortus)	fib (in)

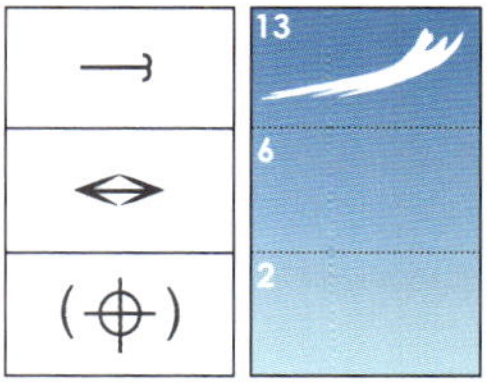

Auf diesem Bild sehen wir noch einmal Cirrus-fibratus-Wolken.

Ein Charakteristikum aller Cirrus-Wolkenformen sind die in ihnen auftretenden verschiedenen Arten von optischen Phänomenen: regenbogenfarbene Lichtflecken und Kreisbögen wie auch gerade senkrechte oder waagerechte einfarbige Bänder. Wir werden ab Seite 67 noch im Detail auf sie zu sprechen kommen. Leider können sich in den häufig recht kleinflächigen Cirrus-Wolken aber nur Bruchstücke der genannten Phänomene ausbilden. Da sie in solchen Fällen nicht zu einem geometrischen Gesamtgebilde zusammenwachsen, fallen sie in der unterschiedlichen Helligkeit des Gewölkes oft kaum auf. Ein besonders bekanntes, wahrscheinlich sogar das bekannteste optische Phänomen, gibt es jedoch in keiner Wolke des Cirrus-Niveaus: den Regenbogen. Er entsteht ausschließlich in flüssigen Wassertröpfchen, die es in dieser Höhe wegen der tiefen Temperaturen bis unter −50 °C nicht mehr gibt (s. a. Seite 141).

Prognose: Ist keine Verdichtung der Wolken zu beobachten und ziehen sie womöglich auch noch aus östlichen Richtungen heran, so darf man damit rechnen, dass das trockene Wetter erhalten bleibt (vgl. Seite 48).

Cirrus fibratus radiatus

Familie:	hohe		
Gattung:	schleierförmig	Cirrus	Ci
Art:	faserförmig	fibratus	fib
Unterart:	strahlenförmig	radiatus	ra

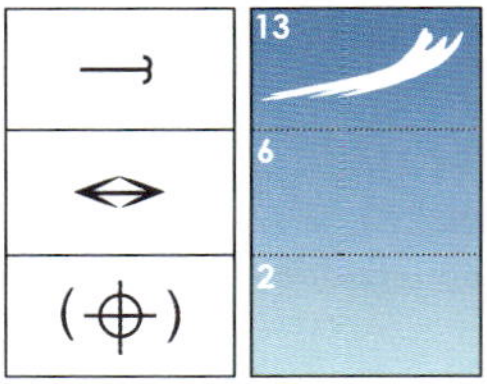

Bei einem ersten, flüchtigen Blick auf dieses Bild könnte man meinen, man habe den Strahlenfächer der auf- oder untergehenden Sonne vor sich. Tatsächlich handelt es sich aber um faserförmige Cirrus-Wolken. Wie können sich Wolken in so regelmäßiger Form – ähnlich den Speichen eines Rades – anordnen? Um es gleich vorweg zu sagen: Die Wolken ordnen sich hier überhaupt nicht strahlenförmig an. Es handelt sich um einen reinen Perspektiven-Effekt. Die einzelnen Wolkenfasern sind in Wirklichkeit weitgehend parallel angeordnet. Und die Blickrichtung verläuft genau in Richtung der Wolken. Dabei entsteht das gleiche optische Phänomen, wie wenn man von einer Eisenbahnbrücke auf die parallel verlaufenden Schienen hinunterblickt. Auch sie scheinen in der Ferne auf einen gemeinsamen Punkt zuzulaufen.

Parallele Wolkenstrukturen sind sehr häufig. Beobachtet man diese von einem Standort, von dem man in die Richtung des Wolkenverlaufes blicken kann, so erscheinen solche strahlenförmigen Wolkenbilder vor unseren Augen. Man bezeichnet solche Wolken als **Cirrus fibratus radiatus**. Die deutsche Bezeichnung ist **Polbänder**. Sie setzen sich oft auf der gegenüberliegenden Himmelsseite fort und laufen dort scheinbar auf einen gemeinsamen Punkt zu.

Cirrus fibratus vertebratus

Familie:	hohe		
Gattung:	schleierförmig	Cirrus	Ci
Art:	faserförmig	fibratus	fib
Unterart:	vertebratus	skelettförmig	ve

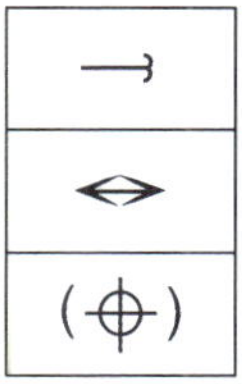

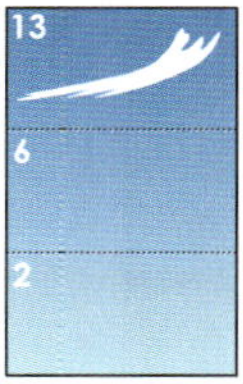

Diese Wolken sind zusammen mit den hakenförmigen Cirrus uncinus sicher die eindrucksvollsten, die die obere Wolkenetage anzubieten hat. Fast möchte man glauben, St. Petrus – der Wetterheilige – habe sich einen Jux erlaubt und das Gerippe einer Schlange oder eines Fisches an den Himmel geheftet. Sie lassen ohne viel Fantasie die Gestalt eines Gerippes mit Wirbelsäule und Rippen oder Gräten erkennen. Nicht umsonst werden sie im Volksmund als „Wirbel-Cirren“ bezeichnet. Selbst der wissenschaftliche Name hebt auf die frappierende Ähnlichkeit mit einem Schlangen- oder Fischskelett ab: **Cirrus fibratus vertebratus**. Dabei steckt im Wort „vertebratus“ das lateinische Wort *vertebra*, das das Wirbelbein (des Rückgrates) bezeichnet.

Über ihre Entstehungsweise gehen die Meinungen etwas auseinander. Jedenfalls kennt man mehrere Vorgänge, die zur Bildung dieser markanten Wolkenform führen. Einzelheiten dazu finden Sie auf der nächsten Seite.

Prognose: So lange keine deutlich erkennbare Verdichtung einsetzt oder die Zugrichtung aus östlicher in westliche Richtung bestehen bleibt, darf man mit Fortdauer des sonnigen und trockenen Wetters rechnen. Andernfalls sollte man allerdings an einen Aufzug mit späterer Wetterverschlechterung denken.

Cirrus fibratus vertebratus

Familie:	hohe		
Gattung:	schleierförmig	Cirrus	Ci
Art:	faserförmig	fibratus	fib
Unterart:	vertebratus	skelettförmig	ve

Sonstige Wolken: linkes Bild: rechts unten Altocumulus (Seite 32); rechtes Bild: zum Horizont hin einige Cirrus-uncinus-Wolken

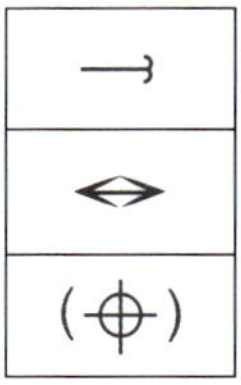

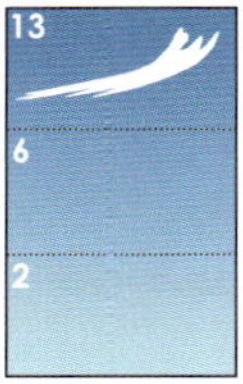

Die zwei Fotos auf dieser Seite zeigen weitere Cirrus-vertebratus-Wolken. Während die auf dem linken nur ein schwach entwickeltes „Rückgrat" besitzt, kann man die im rechten als ein echtes Prachtexemplar bezeichnen. Ihre lehrbuchmäßige Form wird durch den leuchtend blauen Himmel noch besonders unterstrichen.

Voraussetzung für einen Vertebratus ist eine langgestreckte, schmale Cirrus-Wolke. Sie soll später die „Wirbelsäule" bilden. Gleichzeitig muss die Windrichtung in der Wolkenhöhe parallel zu dieser Ausgangswolke verlaufen. Dann können sich – sofern auch noch die Temperatur- und Feuchtebedingungen passen – Wellen bilden, die sich im rechten Winkel zur Ausgangswolke anordnen. Innerhalb der Wellenberge wird die Luft hochgehoben, wobei sie sich gleichzeitig abkühlt (Seite 11 und 20ff.). In der Folge kondensiert der Wasserdampf in der Luft und gefriert bei Umgebungstemperaturen um die −40 °C (Seite 29) schnell zu Eiskriställchen. Die Ansammlungen von Kristallen werden dann als „Gräten" erkennbar. Innerhalb der Wellentäler passiert das Umgekehrte: Die Luft sinkt ab und erwärmt sich dabei. Jetzt verdunsten die Eiskriställchen und lassen so die eisfreien Bereiche zwischen den „Gräten" entstehen.

Cirrus fibratus

Familie:	hohe		
Gattung:	schleierförmig	Cirrus	Ci
Art:	faserförmig	fibratus	fib
Mutterwolke:	Cumulonimbus incus (Seite 125ff.)		

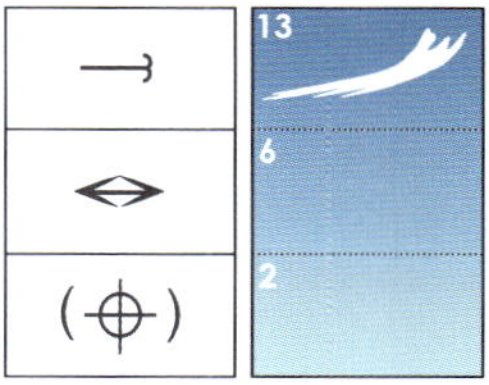

Dieser an Struwwelpeter erinnernde Wolkenkopf zeigt, wie aus einer Amboss-Wolke (Seite 125ff.) Cirren entstehen können. Man sieht aus der dunklen Mutterwolke feine Cirrus-fibratus-Fasern herauswachsen, die sich später loslösen und zu eigenständigen Cirren entwickeln. Die Ausgangswolke für eine solche Entwicklung muss aber nicht unbedingt ein Amboss sein. Auch andere Wolken können – sofern ihre Köpfe vereist sind – Cirrus-Formen hervorbringen. Oft reichen die Mutterwolken jedoch nicht bis zum Cirrus-Niveau, also bis in Höhen zwischen 5 und 13 km (Seite 34). Außerdem findet, streng genommen, keine Wolkenbildung, sondern lediglich ein Umwandlungsprozess statt. Aus diesem Grund hat man diese Cirren früher **Cirrus nothus**, das heißt: **falsche Cirren**, genannt. Die Bezeichnung ist aber in keiner Weise gerechtfertigt. Diese Wolken zeigen alle typischen Merkmale von echten Cirren. Aus diesem Grund wurde die Wolkenart Cirrus nothus aus der internationalen Klassifikation gestrichen. Heute fügt man an den Namen der neuen Wolke das Wort **cumulonimbogenitus** (= aus einer Cumulonimbus-Wolke entstanden) an.

Prognose: Cirrus-Wolken wie auf diesem Bild sagen als solche wenig aus. Der Cumulonimbus, aus dem sie hervorsprießen, könnte jedoch noch schauern.

Cirrus spissatus

Familie:	hohe		
Gattung:	schleierförmig	Cirrus	Ci
Art:	verdichtet	spissatus	spi

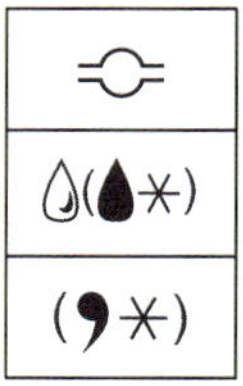

Dies ist ein fotografischer Leckerbissen! Einer solchen Wolke begegnet man nicht alle Tage.

Zu den wesentlichen Merkmalen der Cirrus-Wolken gehört eine hauchdünne Struktur. Oft sind Cirren so dünn, dass man sie beim Durchfliegen überhaupt nicht bemerkt. Lediglich für den Beobachter am Boden werden sie sichtbar.

Auch die Wolken auf diesem Bild wirken auf den ersten Blick wie ganz gewöhnliche Cirrus fibratus. Doch beim genaueren Hinsehen fällt auf, dass an ihrer linken unteren Seite die zartblauen Fibratus-Fasern in einen hellgrau bis weißlichen Farbton übergehen. Sie wirken dort auch irgendwie anders als auf der rechten Seite: wolliger, dichter, einem verfilzten Gewebe nicht unähnlich. Kurzum, wir finden hier zusätzlich die typischen Merkmale von verdichteten Cirren: **Cirrus spissatus**.

Das Besondere an dieser Wolke ist, dass sie Fibratus- und Spissatus-Strukturen gleichzeitig besitzt.

Prognose: Dieses Nebeneinander unterschiedlicher Merkmale lässt auf einen Entwicklungsprozess schließen: Eine allmählich vor sich gehende Wolkenverdichtung, die letzten Endes bis zu niederschlagbildenden Nimbostratus-Wolken (Seite 35) fortschreiten kann.

Cirrus spissatus

Familie:	hohe		
Gattung:	schleierförmig	Cirrus	Ci
Art:	verdichtet	spissatus	spi

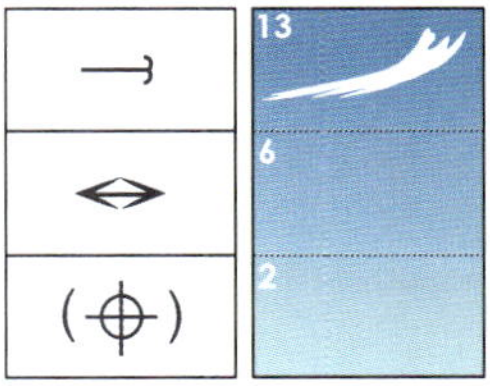

Der Himmel auf diesem Bild ist übersät mit prächtigen Cirrus-spissatus-Wolken. Vor dem Hintergrund der untergehenden Sonne nehmen die Verdichtungen beinahe schon bedrohlich wirkende Verfärbungen an.

Dennoch darf man nicht dem Irrtum verfallen, man hätte es hier mit mächtigen Wolkengebilden zu tun. Im schwächer werdenden, gelblichen Licht der tief stehenden Sonne, das zudem lange Wege durch die Wolken zurückzulegen hat, nimmt selbst zartes Gewölk gerne dramatische Züge an. Würde die Sonne noch hoch am Himmel stehen, würden sich in diesen Wolken bestenfalls leichte graue Verdichtungen zeigen.

Prognose: Cirrus spissatus kann ein Zeichen für einen Wolkenaufzug und damit auch ein Schlechtwetterbote sein. Wesentliches Merkmal für einen Aufzug ist immer eine fortschreitende Verdichtung und ein Zusammenwachsen einzelner Cirren oder eine durchgehende Wolkenschicht.

Cirrus spissatus

Familie:	hohe		
Gattung:	schleierförmig	Cirrus	Ci
Art:	verdichtet	spissatus	spi

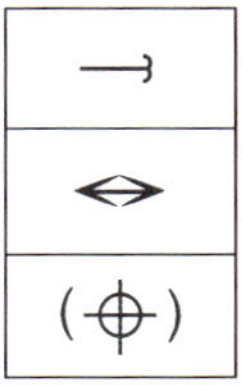

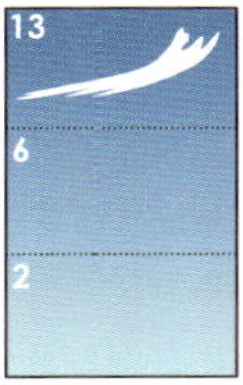

Auch die Wolken auf diesem Bild haben alle Merkmale von Cirren: große Höhe, faserige Struktur, helle Färbung. Und doch wirken sie irgendwie anders als übliche Cirren. Sie erscheinen massiger, schwerer und dichter als gewöhnliche. Beim genauen Betrachten können wir an ihren dichteren Stellen sogar leichte Graufärbungen feststellen; besonders im unteren Bildteil ist das gut zu erkennen. Auch diese Wolken gehören somit zu den Cirrus spissatus, also zu den **verdichteten Cirren**, eine Wolkenart, die uns auf Seite 56 und 57 schon einmal begegnet ist.

Spissatus-artige Cirren erinnern, worauf auch auf Seite 56 schon hingewiesen wurde, meist an Wolle oder verfilztes Gewebe. Häufig stellen sie nur eine Übergangsphase in einer längeren Entwicklungskette dar.

Prognose: Der hier gezeigte Cirrus spissatus dürfte sich also im Lauf seiner weiteren Entwicklung langsam immer weiter ausbreiten und mit sich ähnlich entwickelnden Wolken in der Umgebung zu einem Cirrostratus (Seite 32) zusammenwachsen. Ein stetig fortschreitender Prozess, der zu immer dichteren und höheren Wolkenschichten führt und nicht selten mit anhaltenden Regen- oder Schneefällen endet.

Cirrus castellanus

Familie:	hohe		
Gattung:	schleierförmig	Cirrus	Ci
Art:	zinnenförmig	castellanus	cas

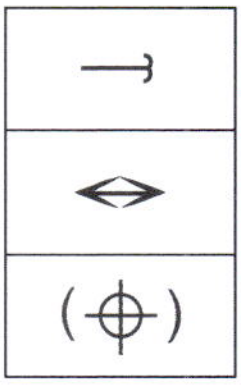

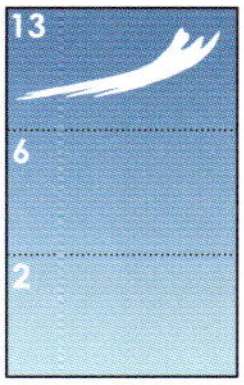

Eine der interessantesten Wolkenarten ist Castellanus: eine flache Wolkenbank, aus der wie die Zinnen eines Kastells kleine Wolkentürmchen herauswachsen. Im fortgeschrittenen Entwicklungsstadium verlieren die Türmchen oft die Verbindung mit der Ausgangswolke, verselbstständigen sich und verschwinden schließlich vollständig.

Prognose: Ihre Entstehungsweise, die auf Seite 18 beschrieben ist, weist bereits auf ihre hohe Prognosensicherheit hin: Castellanus gilt als außerordentlich zuverlässiger **Gewittervorbote**. Das Beeindruckendste dabei ist, dass sich die Castellani oft schon viele Stunden vor dem Ausbruch der Gewitter zeigen.

Castellanus-Formen gibt es bei verschiedenen Wolkengattungen. Am bekanntesten sind jene im Bereich der mittelhohen Wolken. Cirrus castellanus, zu Deutsch zinnenförmiger Cirrus, dagegen ist nur selten in gut ausgeprägter Form zu finden. Im weiteren Sinn zählen zu den Cirrus-Wolken aber auch die Kondensstreifen von Flugzeugen, und über ihnen spielen sich manchmal wahre Musterbeispiele von Castellanus-Entwicklungen ab. Auf unserem Bild ist eine solche zu sehen.

Wir werden auf Seite 149 noch einmal auf Castellanus-Entwicklungen aus Kondensstreifen zu sprechen kommen.

Cirrus floccus

Familie:	hohe		
Gattung:	schleierförmig	Cirrus	Ci
Art:	flockenförmig	floccus	flo

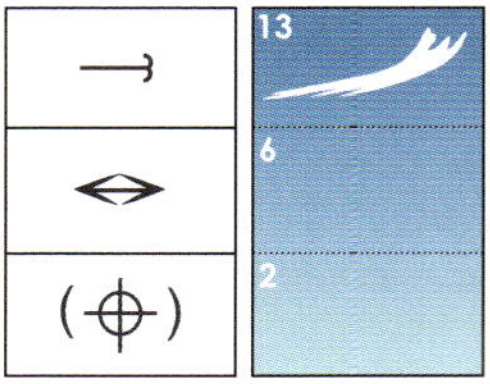

Cirren müssen nicht unbedingt langgezogen oder fadenförmig sein. Sie können auch eine Haufenform annehmen und wie ein Wattebausch oder, noch treffender, wie eine große Schneeflocke aussehen. Vergegenwärtigt man sich das Gliederungsschema der internationalen Wolkenklassifikation, so würde man sicher nicht zögern, sie als Cirrocumulus zu bezeichnen, denn es handelt sich ja um eine hohe, haufenförmige Wolke.

Doch das wäre nicht richtig, denn nach den Definitionen der internationalen Klassifikation werden nur solche haufenförmigen Wolken des oberen Stockwerkes als Cirrocumulus bezeichnet, deren Breite weniger als ein Winkelgrad misst. Das klingt sehr kompliziert und übertrieben wissenschaftlich. Wie soll man die Winkelbreite einer Wolke messen? Ganz einfach, mit dem kleinen Finger! Streckt man nämlich den Arm gegen den Himmel aus und winkelt man den kleinen Finger ab, so nimmt er eine scheinbare Breite von einem Winkelgrad an. Wenn die beobachteten Cirrus-Wolken also breiter als die Silhouette des kleinen Fingers sind, handelt es sich nicht um Cirrocumulus-, sondern um Cirrus-Wolken der Art **Cirrus floccus**. Dieser Name ist eigentlich fast selbsterklärend. Das lateinische Wort *floccus* bedeutet „Wollbüschel, Flocke oder Noppe“ eines Gewebes.

Auch das Bild-Paar rechts zeigt uns einige **Cirrus-floccus**-Wolken; zur Verdeutlichung ihrer Höhe, Anordnung und Struktur in stereoskopischer Wiedergabe. Sie zeigen eine sehr interessante Besonderheit: **Fallstreifen**. Das sind kleine Fäden, die aus den Wolken heraushängen und auf herausfallende Eiskristalle hinweisen. Nur wenig unterhalb der Wolke verschwinden diese Fäden wieder spurlos. Das deutet darauf hin, dass die herausfallenden Kristalle rasch verdunsten.

Die Wolkenklassifikation führt Fallstreifen unter dem Namen **virga**. Nach den Vorschriften der internationalen Klassifikation werden Wolken mit Fallstreifen üblicherweise zur Art Altocumulus gezählt. Wenn sie jedoch, so wie hier, rundum faserig und seidig schimmernd aussehen, darf man sie als Cirrus floccus bezeichnen. Fallstreifen sind eine häufige Erscheinung in allen Wolkenhöhen, wir werden ihnen deshalb noch öfter begegnen.

Auf eine Besonderheit sei noch hingewiesen: Über der etwas rechts vom Bildzentrum stehenden Wolke zeigen sich castellanus-artige (Seite 59) Quellungen, ein Phänomen, das bei Cirrus-Wolken eher selten zu beobachten ist.

(Hinweise zum Betrachten der Stereobilder auf Seite 42.)

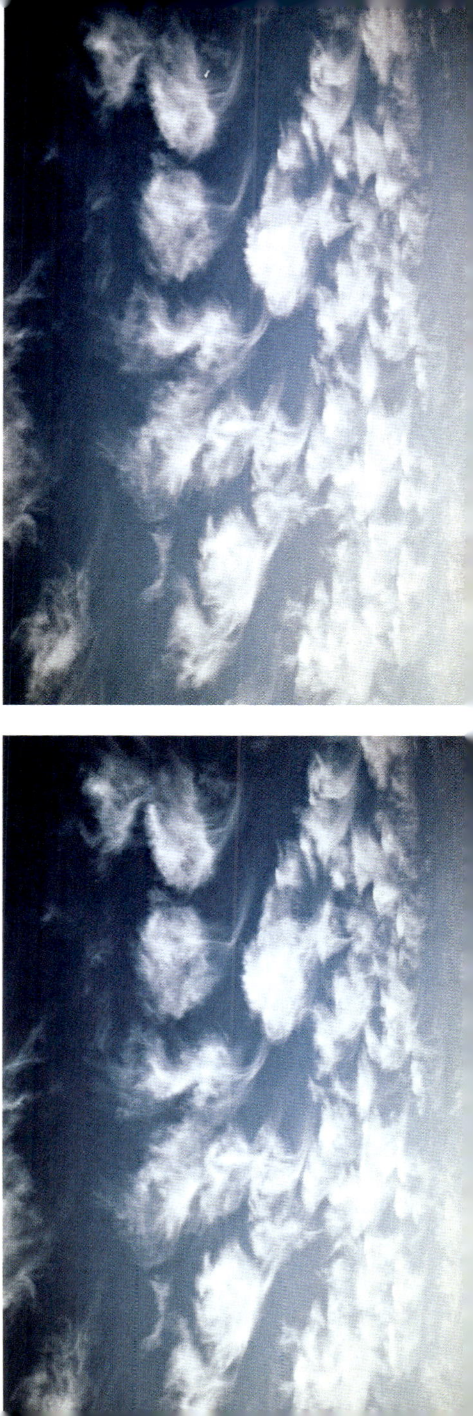

Cirrocumulus stratiformis undulatus

Familie:	hohe		
Gattung:	haufenförmig	Cirrocumulus	Cc
Art:	feldartig angeordnet	stratiformis	str
Unterart:	wellenförmig	undulatus	un
Sonstige Wolken:	an den Bildrändern Stratocumulus-Wolken		

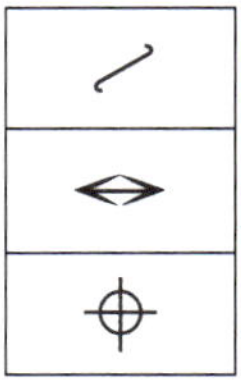

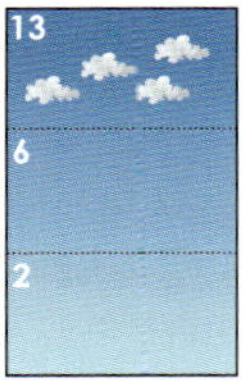

Hier sehen wir haufenförmige Cirrus-Wolken mit einer Breite von weniger als einem Winkelgrad, also echte **Cirrocumuli**. (Wie man die Winkelbreite von Wolken bestimmt und nach welchem Kriterium zwischen Cirrus floccus und Cirrocumulus unterschieden wird, ist auf Seiten 32 und 60 beschrieben.) Die Cirrocumuli auf unserem Foto sind zu einem weitläufigen Feld angeordnet, aus dem sie wellenartig hervortreten. Dies deutet darauf hin, dass sie infolge von Umbildungsprozessen in einer ursprünglich zusammenhängenden, homogenen Cirrostratus-Schicht (Seite 32) entstanden sind. Wenn man, wie im vorliegenden Fall, die Entstehungsweise der Cirrocumuli aus einer Cirrostratus-Schicht noch erkennen kann, spricht man von der Wolkenart **Cirrocumulus stratiformis**. Sind, wie es in unserem Bild der Fall ist, wellenförmige oder wellenähnliche Strukturen zu erkennen, dann werden die Wolken in die Unterart **undulatus** (abgeleitet von der Verkleinerungsform des lateinischen Wortes *unda* = Welle) eingeordnet.

Nur selten lassen sich so kleine, fein ziselierte Wolkenstrukturen finden wie hier in Nelson, ganz im Norden der Südinsel Neuseelands, wo sie der bekannte „Wolkenjäger“ Bernhard Mühr entdeckt hat.

Cirrocumulus stratiformis

Familie:	hohe		
Gattung:	haufenförmig	Cirrocumulus	Cc
Art:	feldartig angeordnet	stratiformis	str
Unterart (li):	wellenförmig	undulatus	un
Unterart (re):	durchlöchert	lacunosus	la

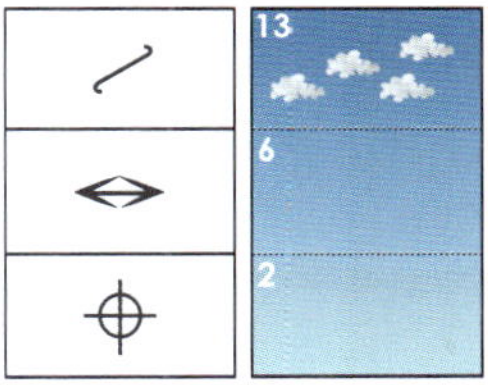

Auf diesen beiden Fotos begegnen uns zwei weitere Beispiele der relativ seltenen Wolkengattung **Cirrocumulus**, beide in der Ausformung **stratiformis**. Auf dem linken Bild präsentiert sich noch einmal die Unterart **undulatus**, ähnlich wie wir sie von Seite 62 bereits kennen. Die Wellenstrukturen sind hier noch etwas deutlicher zu erkennen als auf dem letzten Bild.

Das rechte Foto zeigt die Unterart **lacunosus**. Lacunosus heißt auf Deutsch: mit Lücken oder Furchen durchsetzt. Hier lassen sich keine Wellenmuster mehr erkennen. Prägendes Merkmal sind Löcher, Spalten und Risse, die eine ehemalige Cirrostratus-Schicht (Seite 32) in einzelne Wolkenballen zerfallen ließen. Cirrocumuli werden gelegentlich auch als „feine Schäfchenwolken“ oder „zarte Schäfchenwolken“ bezeichnet, was aber nicht der offiziellen Nomenklatur entspricht.

Häufig tritt Cirrocumulus in Begleitung anderer Wolken der Gattung Cirrus auf, was zur Abgrenzung gegen Altocumulus-Wolken (Seite 32) sehr hilfreich sein kann.

Prognose: „Zarte Schäfchenwolken“ kündigen gern einen Wetterumschwung an. Im Sommer weist er auf eine Kaltfront oder ein Hitzegewitter hin, besonders wenn im Tagesverlauf noch quellende Cumulus-Wolken dazukommen.

Cirrostratus fibratus

Familie:	hohe		
Gattung:	schichtförmig	Cirrostratus	Cs
Art:	faserig	fibratus	fib
Begleiterscheinung: kleiner Haloring (Seite 71)			

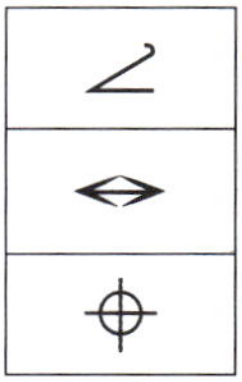

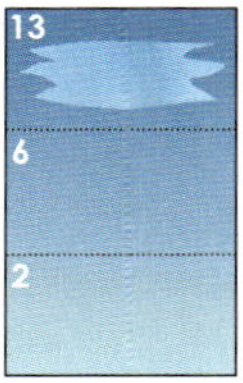

Im Gegensatz zu den bisher vorgestellten Cirrus- und Cirrocumulus-Formen sehen wir hier eine relativ gleichförmige, den ganzen Himmel überziehende Cirrus-Schicht. Nach der internationalen Wolkenklassifikation heißt diese Wolke **Cirrostratus**, also **schichtförmige Cirrus-Wolke**. Normalerweise ist sie dünn – so dünn, dass die Sonne durch die Wolke hindurch Schatten wirft. Cirrostratus kann eine faserige, streifige Struktur besitzen oder sich völlig unstrukturiert präsentieren, wie ein hoch am Himmel schwebender Nebel. Der hier vorgestellte Cirrostratus zeigt eine unverkennbare Faser- oder Streifenstruktur, die vor allem im Bereich der Sonne deutlich hervortritt. Damit zählt die Wolke zur Art **fibratus**.

Um die Sonne herum kann man einen leuchtenden farbigen Bogen erkennen, den **kleinen Haloring**. Lichtphänomene verschiedener Form und Farbe sind häufige Begleiterscheinungen von Cirrostratus. Im Einzelnen werden wir uns ab Seite 67 mit ihnen befassen.

Prognose: Cirrostratus bildet sich, wie oben schon gesagt, bevorzugt, wenn Warmluftschichten auf Kaltluft aufgleiten. Er wird damit zu einer regelmäßigen Zwischenphase eines Wolkenaufzugs und kündigt so mit großer Wahrscheinlichkeit eine bevorstehende Wetterverschlechterung an.

Cirrostratus nebulosus

Familie:	hohe		
Gattung:	schichtförmig	Cirrostratus	Cs
Art:	neblig	nebulosus	neb

Begleiterscheinung: kleiner Haloring (Seite 71)

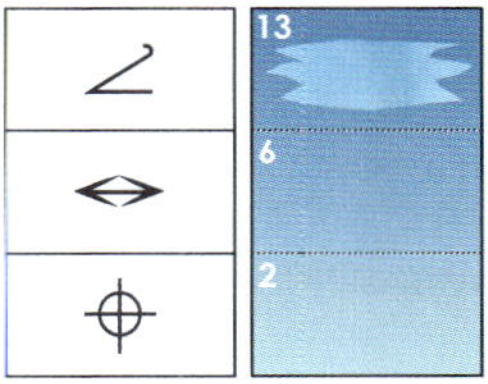

Achtung: Bitte nie in die direkte Sonne blicken!

Auch hier sehen wir wieder einen Haloring. Er ist auf beiden Seiten flankiert von einem kleinen, hellen Lichtfleck, einer sogenannten **Nebensonne** (Seite 73). Dagegen ist von der Wolke, die die Haloerscheinungen hervorruft, fast nichts zu sehen. Lediglich ein hauchdünner nebliger Schleier ist zu erkennen, hinter dem aber der blaue Himmel erkennbar bleibt.

Wir haben hier einen sogenannten **Cirrostratus nebulosus** vor uns. Wolken dieses Typs sind stets sehr dünn, in gar nicht so seltenen Fällen ist von der Wolke selbst überhaupt nichts zu sehen, sie macht lediglich durch Halophänomene auf ihre Existenz aufmerksam. Die Schichtdicke eines Cirrostratus nebulosus nimmt aber meist rasch zu, was auch zu einer optischen Verdichtung führt, die die Sonne langsam verschwinden lässt. Aus dem Cirrostratus wird dann ein Altostratus (Seite 34).

Im vorliegenden Fall hatte sich ein tagelang anhaltender Nebel gebildet, der aus sehr gleichmäßigen Eiskriställchen bestand. Als sich der Nebel schon so weit aufgelöst hatte, dass der blaue Himmel dahinter erkennbar wurde, bildete sich an den verbliebenen Eispartikeln (Säulchen) ein prächtiges Exemplar eines Kleinen Haloringes.

Cirrostratus nebulosus

Familie:	hohe		
Gattung:	schichtförmig	Cirrostratus	Cs
Art:	neblig	nebulosus	neb
Begleiterscheinung:	kleiner Haloring (Seite 71)		

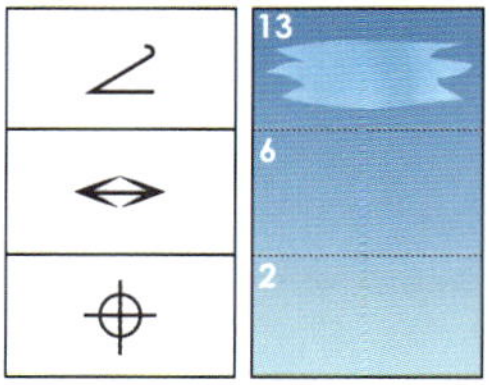

Auch auf diesem Bild ist das beherrschende Merkmal der helle, farbig leuchtende Haloring (Seite 71). Die Wolken treten vor dem Blau des Himmels fast überhaupt nicht in Erscheinung. Ein **Cirrostratus nebulosus** wie aus dem Lehrbuch!

Die helle Fläche rund um die Sonne dürfte auf Streuung (Seite 78) an aufgewirbeltem Staub oder Sand zurückzuführen sein, die in tieferen Atmosphärenschichten schweben. Mit der Cirrus-Bewölkung der höheren Atmosphäre hat sie sicher nichts zu tun.

Ein so homogener Cirrostratus nebulosus, wie man ihn hier sieht, ist in Mitteleuropa eher eine seltene Erscheinung. Das ist sehr schade, denn gerade in dieser Wolkenform bilden sich besonders eindrucksvolle und farbenprächtige Haloerscheinungen aus. Die besten Chancen hat man im Winter, wenn sich ein schon tagelang vorhandener Eisnebel aufzulösen beginnt. Das Foto auf Seite 65 ist (wie dort auch genauer beschrieben) bei einer solchen Situation entstanden. Die eigentliche Heimat des hauchdünnen Cirrostratus nebulosus sind naturgemäß die kalten Polarregionen der Erde. Dort findet man die Phänomene der atmosphärischen Optik oft in vollendeter Form ausgebildet.

Prognose: Meist folgt – wie bei Halos üblich – Niederschlag.

Optische Phänomene

Cirrostratus-Wolken, insbesondere die Art Cirrostratus nebulosus, bringen die meisten und eindrucksvollsten optischen Erscheinungen hervor. **Halos**, wie sie meist kurz genannt werden, sind überwiegend geradlinige oder kreisförmige, farbige oder weiße Leuchterscheinungen innerhalb von Eiswolken. „Ornamente des Himmels“ nannte sie der bekannte Münchener Meteorologie-Professor Fritz Möller. Und das ist eine sehr treffende Bezeichnung, denn sie gehören in der Tat zum Prächtigsten und Schönsten, was der Himmel über uns zu bieten hat. Da sie für die Praxis wenig Bedeutung besitzen, führen sie in der Meteorologie leider ein ausgesprochenes Schattendasein.

In der Fachliteratur sind über 50 Erscheinungsformen beschrieben. Wir müssen uns hier mit einer kleinen Auswahl der häufigsten Halos begnügen. Interessenten finden im Literaturverzeichnis weiterführende Werke, die sich sehr ausführlich mit diesem Thema befassen (z. B. Marcel Minnaert, 1992 oder meteoros.de).

Die schematische Darstellung des Himmelsgewölbes auf Seite 68 zeigt, wo die wichtigsten Halos am Himmel zu finden sind (oben) und wie sie aussehen (unten). Die **Lichtsäule** ① ist ein senkrechtes, weißes, bei tief stehender Sonne rötliches bis gelbliches Lichtband oberhalb und unterhalb der Sonne. Waagerecht durch die Sonne verläuft der meist weiße **Horizontalkreis** ②. Genau über dem Beobachter steht der farbige **Zirkumzenitalbogen** ③: Ein Bogenstück aus einem Kreis mit dem Zenit als Mittelpunkt. Besonders häufig und deshalb auch am bekanntesten ist ein farbiger Kreis mit einem Radius von 22 Grad und der Sonne als Mittelpunkt: Der **kleine Haloring** ④. Kleiner Haloring deshalb, weil es auch noch einen großen Haloring gibt. Neben den beiden Schnittpunkten des Horizontalkreises mit dem kleinen Haloring flammen zwei farbige Lichtflecken auf. Wegen der Farbenpracht, die sie üblicherweise entfalten, heißen sie **Nebensonnen** ⑤. An der höchsten Stelle des kleinen Haloringes finden sich die, wie Hörner oder auch Ohren anmutenden, **oberen Berührungsbögen** ⑥, die bei entsprechend hoch stehender Sonne so lang werden können, dass sie den kleinen Haloring völlig umschließen. Sie heißen dann **umschriebener Halo**. Der große **Haloring** ⑦ ist – wie sein kleiner Bruder – ein farbiger Kreis mit der Sonne als Mittelpunkt; sein Radius beträgt 46 Grad. Die **Untersonne** ⑧ zeigt sich so weit unter dem Horizont wie die Sonne über dem Horizont steht; sie kann also nur von erhöhten Standorten oder vom Flugzeug aus beobachet werden.

An manchen Tagen geht die Sonne nicht als Scheibe auf oder unter, sondern als leuchtende Feuersäule (Seite 72 oben rechts). Gelegentlich kann man das Lichtband, das als **Lichtsäule** bezeichnet wird (①, Seite 68), sogar schon sehen, wenn die Sonne selbst noch unter dem Horizont steht, oder es leuchtet noch nach, wenn sie längst untergegangen ist. Nicht selten setzt es sich, wenn die Sonne schon ein gutes Stück Himmelshöhe erreicht hat, auch nach unten fort, in beiden Richtungen spitz auslaufend.

Wie kommt es dazu? Unter bestimmten Bedingungen bilden sich in der Atmosphäre lange, dünne **Eisnadeln**. Diese haben eine bemerkenswerte Eigenschaft: Sie schweben waagerecht in der Luft. An allen Eisnadeln, die sich

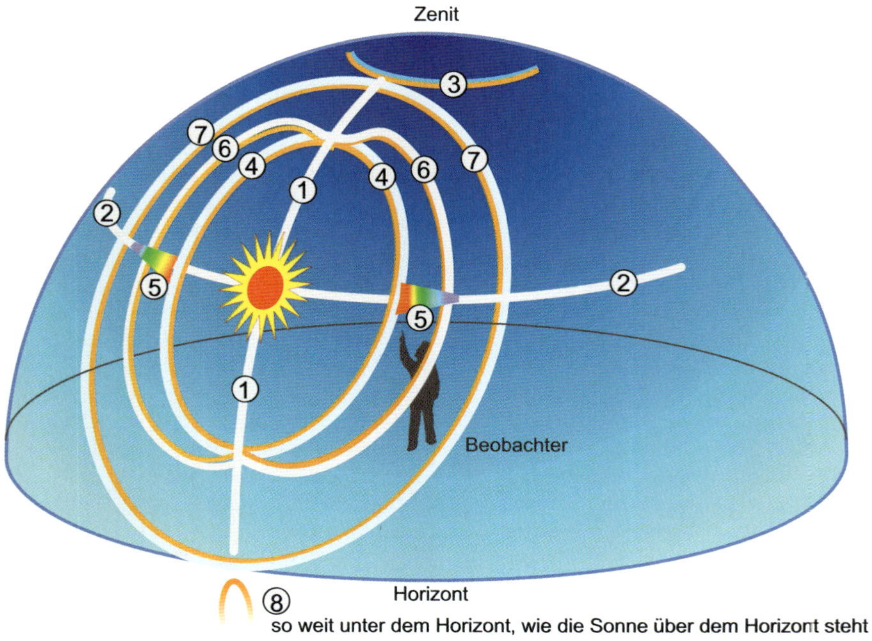
Zenit
3
7
6
4
1
7
6
4
2
5
2
5
1
Beobachter
Horizont
8
so weit unter dem Horizont, wie die Sonne über dem Horizont steht

vom Beobachter aus gesehen über oder unter der Sonne befinden, spiegelt sich die Sonne so, dass der Beobachter das Spiegelbild sehen kann. Das ist genau so, wie wenn man einen Bleistift oder eine Stricknadel waagerecht über eine brennende Kerze oder eine andere Lichtquelle hält. Alle diese Eisnadeln zusammen lassen dann den Eindruck eines leuchtenden Bandes oberhalb und unterhalb der Sonne entstehen. Auch an den Lamellen einer schräg von der Sonne beschienenen Jalousie lässt sich die Entstehungsweise einer Lichtsäule bequem erkennen, wie rechts zu sehen. Korrekterweise muss angemerkt werden, dass es auch noch andere Erklärungen für die Lichtsäule gibt. Die hier vorgestellte hat den Vorteil, besonders anschaulich zu sein. Lichtsäulen oberhalb der Sonne sind recht häufig zu beobachten. Unter der Sonne findet man nur selten welche.

In Winternächten bildet sich gelegentlich aus unzähligen waagerecht schwebenden Eisnadeln ein hauchdünner, fast nicht wahrnehmbarer Nebel. In ihm können recht gespenstisch anmutende Lichtsäulen entstehen. Besonders gern erscheinen sie über Straßenlampen, auch – und das ist das unheimliche daran – über solchen, die von Häusern oder Bäumen verdeckt, also selbst gar nicht zu sehen sind. Es entsteht dann der Eindruck, als ob ganze Batterien von Scheinwerfern in den Nachthimmel gerichtet seien. Dieser Anblick kann einem unbedarften Beobachter einen gewaltigen Schauer über den Rücken jagen (Seite 70).

Oben wurde gesagt, dass unter bestimmten Wetterbedingungen Eiskristalle entstehen, die waagerecht in der Luft schweben. Man könnte deshalb erwarten, dass es auch Kristalle gibt, die andere „bevorzugte" Lagen haben, etwa die senkrechte. Solche gibt es tatsächlich: Säulchen auf einer sechseckigen Basis. Und natürlich rufen sie analoge optische Erscheinungen hervor: nämlich ein einfarbiges, meist weißes, waagerechtes Lichtband links und rechts von der Sonne, das als **Horizontalkreis** (②, Seite 68) bezeichnet wird. Er ist erheblich seltener als die Lichtsäule und oft auch nur schwach ausgeprägt. Auch auf dem Foto auf Seite 71 erscheint er teilweise nur andeutungsweise. Aber man sieht deutlich, dass der Horizontalkreis durch die Sonne verläuft. Wegen der Perspektive scheint er an seinen beiden Enden nach oben gebogen zu sein.

Wie Lichtsäulen zustande kommen

In außerordentlich seltenen Fällen kann es vorkommen, dass Horizontalkreis und Lichtsäule gleichzeitig erschei-

Lichtsäulen in feinem Eisnebel

nen. Dass dieser Fall so selten eintritt, liegt daran, dass die beiden dafür benötigten Kristallformen unter sehr unterschiedlichen Bedingungen entstehen. Man glaubt dann, am Himmel ein Kreuz leuchten zu sehen.

Der Sage nach soll Kaiser Konstantin im Jahr 313 in der Nähe von Trier am Himmel ein Kreuz erschienen sein, das ihn so zu beeindrucken vermochte, dass er sich zum christlichen Glauben bekehren ließ. Wir wissen jetzt, wie dieses Kreuz zustande gekommen ist!

Die Spiegelung der Sonne an Eiskristallen ist nur ein Vorgang, der zu auffälligen optischen Erscheinungen führt. Die Brechung des Sonnenlichtes an Eiskristallen ist ein weiterer. Unter Brechung versteht man Folgendes: Trifft ein Lichtstrahl schräg auf einen Kristall, so wird er wie bei einem Glasprisma aus seiner Richtung abgelenkt und gleichzeitig in seine Spektralfarben zerlegt.

Eiskristalle knicken die Lichtstrahlen um ziemlich genau 22 Grad.

Denken wir uns einen Beobachter, der zur Sonne blickt. In sein Auge fällt dann außer dem Licht, das direkt von der Sonne kommt, auch noch das Licht, das von 22 Grad oberhalb und 22 Grad unterhalb der Sonne schwebenden Eiskristallen gebrochen wurde. Für unseren Betrachter scheint der Himmel also an diesen beiden Stellen aufzuleuchten. Nur an diesen? Keineswegs! Er sieht auch 22 Grad rechts und links von der Sonne solche Leuchterscheinungen – ja mehr noch: Alle Punkte des Himmels, die von ihm aus gesehen 22 Grad von der Sonne entfernt sind, scheinen zu leuchten. Der Grund dafür: Sehr viele Kristalle haben **keine bevorzugte Richtung**, sie können also jede beliebige Orientierung im Raum einnehmen. Bekanntlich bildet die Gesamtheit aller Punkte, die von einem festen Punkt den

Horizontalkreis

gleichen Abstand haben, einen **Kreis**. Unsere Leuchtpunkte fügen sich also in ihrer Gesamtheit zu einem Kreis mit einem Radius von 22 Grad und der Sonne als Mittelpunkt zusammen. Man nennt ihn den **kleinen Haloring** (④, Seite 68).

Obwohl der kleine Haloring sehr häufig zu beobachten ist, gibt es jedoch kaum Fälle, in denen man den ganzen Ring sehen kann; meist sind nur mehr oder weniger große Bogenstücke erkennbar.

Beim genauen Hinsehen erkennt man, dass der Haloring farbig ist. Innen hat er einen rötlichen, außen einen bläulichweißlichen Rand. Auf dem Foto auf Seite 72 oben links ist das besonders gut zu erkennen. Woher kommt diese Farbigkeit? Wir haben bereits gesagt, dass bei der Brechung nicht nur eine Richtungsänderung erfolgt, sondern dass der Lichtstrahl gleichzeitig in seine Spektralfarben aufgespalten wird. Man kann sich den Vorgang am Himmel so vorstellen: Der blaue Anteil des Sonnenlichtes wird ein bisschen mehr, der rote etwas weniger als 22 Grad aus seiner ursprünglichen Richtung abgelenkt. Auf diese Weise entstehen gleichzeitig ein rötlicher Ring mit einem Radius von etwas weniger als 22 Grad und ein bläulicher Ring mit einem Radius von etwas mehr als 22 Grad. Während der rote Rand relativ scharf ist, wirkt der blaue ausgefranst, unscharf, verschwommen, d. h., er verliert nach außen hin kontinuierlich an Helligkeit.

Der **große Haloring** (⑦, Seite 68 und 75) entsteht auf ähnliche Weise; leider ist er nur relativ selten zu sehen.

Oft ist der kleine Haloring links und rechts von der Sonne (also in der Höhe, in der ihn der Horizontalkreis schneidet) von zwei auffälligen, nach außen spitz zulaufenden, wimpelartigen Licht-

Der Haloring ist innen rötlich und außen bläulich-weißlich

Lichtsäule

Untersonne

Untersonne

Nebensonne

flecken flankiert (siehe Abb. oben). Je nach Dichte und Verteilung der Wolken ist oft auch nur einer von ihnen zu sehen. Sie können außerordentlich farbenprächtig sein und machen so ihrem Namen **Nebensonnen** ⑤ alle Ehre. Oft sind sie sehr lichtstark, deutlich rot an der Innenseite, gelb und grün im mittleren Bereich und blau oder weißlich an der faserig auslaufenden Außenseite.

Beim genauen Hinsehen zeigt sich, dass die Nebensonnen nicht immer den gleichen Abstand zur Sonne haben. Bei sehr tief stehender Sonne beträgt dieser 22 Grad; die Nebensonnen sitzen dann auf dem kleinen Haloring. Je höher die Sonne steigt, desto weiter entfernen sie sich von ihr und damit auch vom Haloring. Bei 50 Grad Sonnenhöhe beträgt der Abstand vom Haloring fast 11 Grad.

Ihre Entstehung verdanken die Nebensonnen ausreichend dicken, waagerecht in der Luft schwebenden Eisplättchen.

Nebensonnen sind sehr häufig zu beobachten. Bei bestimmten Wettersituationen erscheinen sie auch ohne den Haloring, so wie auf unserem Bild oben zu sehen ist. Diese Erscheinung ist sogar relativ häufig. Auffälligerweise entwickelt sie gerade dann eine besondere Leuchtkraft und Farbenpracht.

Ein gar nicht so seltenes, sehr farbenprächtiges, aber doch kaum beachtetes optisches Phänomen ist der **Zirkumzenitalbogen** (③, Seite 68). Kaum beachtet deswegen, weil er an einer für uns Menschen außerordentlich unpraktischen Stelle des Himmels erscheint, nämlich genau über uns mit dem Zenit als Mittelpunkt. Daher auch sein Name: Zirkumzenitalbogen. Manchmal wird man durch sein Spiegelbild in einer Pfütze oder einem Weiher auf ihn aufmerksam. Erfahrene Beobachter erken-

Zirkumzenitalbogen (Deutlich zu sehen: Das Phänomen entsteht in den Eiskristallen.)

nen aber auch an anderen Anzeichen, dass mit großer Wahrscheinlichkeit ein Zirkumzenitalbogen am Himmel steht, nämlich an Nebensonnen. Nebensonnen und Zirkumzenitalbogen treten oft gemeinsam auf. Überraschend ist das allerdings nicht, denn die waagerecht schwebenden Eisplättchen, die die Nebensonnen hervorrufen, führen auch zur Entstehung des Zirkumzenitalbogens. (Für physikalisch Interessierte: Der Unterschied ist nur der, dass der Zirkumzenitalbogen durch Brechung am 90-Grad-Winkel zwischen einer Deckfläche und einer Seitenfläche entsteht). Da er auf Brechungsvorgänge zurückgeht, ist er farbig: außen rot und innen blau. Wie man auf dem Foto sieht, kann die Färbung sogar sehr kräftig sein. Der Zirkumzenitalbogen ist eine häufige Erscheinung. Theoretisch ist von ihm nie mehr als die Hälfte eines Kreises zu sehen, praktisch jedoch kaum mehr als ein Viertel. Auch auf unseren Bildern oben und auf Seite 75 erscheint er nur als kurzes Bogenstück. Die Abbildung oben zeigt deutlich, dass er sich nur an den Eiselementen der feinen Cirrus-Wolken bilden kann.

Bei tiefem Sonnenstand trägt der kleine Haloring an seiner höchsten Stelle häufig zwei wie Hörner oder spitze Ohren wirkende, nach außen weisende Bogenstücke, die sogenannten **oberen Berührungsbögen** (⑥, Seite 68). Je höher die Sonne am Himmel steht, desto weiter „hängen die Ohren herunter". Bei Sonnenhöhen von 32 Grad und mehr werden aus ihnen regelrechte „Schlappohren", denen von der tiefsten Stelle des kleinen Haloringes zwei **untere Berührungsbögen** entgegenwachsen. Schließlich vereinigt sich je ein oberer mit einem unteren Berührungsbogen, sodass sich schließlich rechts und links vom kleinen Haloring zwei ge-

Von oben: Zirkumzenitalbogen, großer Haloring, oberer Berührungsbogen und kleiner Haloring

schlossene ovale Leuchterscheinungen entwickeln. Man spricht dann vom **umschriebenen Halo**. Dieser schmiegt sich umso enger an den kleinen Haloring an, je höher die Sonne am Himmel steht.

Berührungsbögen und umschriebene Halos sind farbige Erscheinungen: Auf ihrer Innenseite sind sie rötlich, nach außen hin weißlich bis bläulich gefärbt. Dort, wo die beiden oberen Berührungsbögen aufeinandertreffen, entwickelt sich manchmal ein schiffchenförmiger, nach oben halbrund begrenzter, weißlicher Lichtschein. Auf der Abbildung auf dieser Seite ist der obere Berührungsbogen zusammen mit dem kleinen Haloring (darunter) und dem Zirkumzenitalbogen sowie dem großen Haloring (darüber) zu sehen. So prächtig entwickelte Berührungsbögen wie auf diesem Bild sieht man allerdings nur sehr selten.

Ein sehr eindrucksvolles Halophänomen ist die **Untersonne** (⑧, Seite 68) Sie kommt durch Reflexion der Sonnenstrahlung an sechseckigen Eisplättchen zustande, wenn diese absolut waagerecht in der Luft schweben. Obwohl sich sechseckige Plättchen nur unter ganz bestimmten Temperatur- und Feuchtverhältnissen bilden und sich nur bei geeigneter Luftbewegung waagerecht halten können, zeigt sich die Untersonne relativ häufig. Als Spiegelbild der Sonne muss sie natürlich weiß sein und unterhalb des Horizontes erscheinen, und zwar so tief unter dem Horizont wie die Sonne über ihm steht. Man sieht Untersonnen deshalb nur von Bergen oder vom Flugzeug aus. Zwei sehr eindrucksvolle Beispiele für Untersonnen finden sich auf Seite 72.

Mittelhohe Wolken

Die mittelhohen Wolken halten sich in einem Atmosphärenstockwerk auf, in dem zwar die Temperaturen oftmals schon unter 0 °C liegen, die Wolkentröpfchen aber dennoch nicht gefroren sind. Sie bestehen also überwiegend aus unterkühltem Wasser (Seite 8). Deshalb zeigen sie üblicherweise auch andere Strukturen als die hohen Wolken: Federn, Büschel oder Locken findet man bei ihnen nicht mehr, dafür schuppenartige Ballen und Walzen oder – bei der Schichtform – streifige oder einheitliche Erscheinungsformen. Sie sind erheblich dichter als die hohen Wolken und lassen deshalb Eigenschatten erkennen. Auffällig oft zeigen sie wellen- oder wogenförmige Strukturen. Damit verraten sie **Aufgleitvorgänge** (Seite 16) als Entstehungsursache.

Prognose: Da Aufgleiten oft zu Regenwetter führt, sind mittelhohe Wolken mit Wellenstrukturen häufig Zeichen für eine bevorstehende **Wetterverschlechterung**. Besonders sichere Wetterboten aus dem Bereich der mittelhohen Bewölkung sind die Castellani (Seite 84), die stets Gewitter ankündigen.

Noch eine sehr interessante Form mittelhoher Bewölkung soll erwähnt werden: die Lenticularis-Wolke, die berühmten Föhnfische.

Insgesamt gesehen finden sich unter den mittelhohen Wolken außerordentlich reizvolle Formen, die eine entsprechende Beachtung und Betrachtung verdienen.

Mittelhohe Wolken (begleitet von tiefem Gewölk im oberen und im unteren Bildteil)

Altocumulus stratiformis undulatus

Familie:	mittelhohe		
Gattung:	haufenförmig	Altocumulus	Ac
Art:	feldartig angeordnet	stratiformis	str
Unterart:	wellenförmig	undulatus	un

Sonstige Wolken: in der Ferne verschiedene Cumulus- und Cirrus-Formen

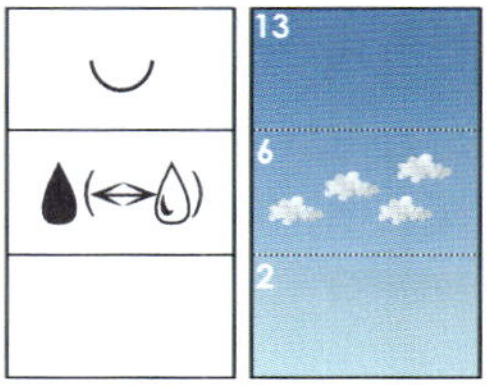

Im mittleren Wolkenstockwerk begegnen uns Wolken, die von ihrem Erscheinungsbild her meist dichter, kompakter und gedrungener wirken als die des oberen Stockwerkes. Ein Vergleich der hier vorgestellten mittelhohen Bewölkung mit den Cirrus-Wolken auf den vorigen Seiten macht den Unterschied deutlich. Der Grund für die andersartigen Erscheinungsformen ist, dass mittelhohe Wolken zum großen Teil aus unterkühlten Wassertröpfchen bestehen. Das sind Tröpfchen, die – obwohl deren Temperaturen unter dem Gefrierpunkt liegen – nicht zu Eis gefroren sind, sondern flüssiges Wasser enthalten. Auf Seite 8 ist dieses scheinbar widersprüchliche Verhalten erklärt. Bei entsprechend tiefen Temperaturen, vorzugsweise also in größeren Höhen, enthalten sie aber auch Eiskristalle. Mittelhohe Wolken sind also üblicherweise **Mischwolken**.

Das obige Bild zeigt haufenförmige mittelhohe Wolken. Sie werden in der internationalen Klassifikation unter der Gattungsbezeichnung **Altocumulus** geführt. Da sie flächig ausgebildet sind, zählen sie zur Art **stratiformis**. Innerhalb des Wolkenfeldes sind sie wellenförmig angeordnet, deshalb gehören sie zur Unterart **undulatus**.

Altocumulus stratiformis undulatus

Familie:	mittelhohe		
Gattung:	haufenförmig	Altocumulus	Ac
Art:	feldartig angeordnet	stratiformis	str
Unterart:	wellenförmig	undulatus	un

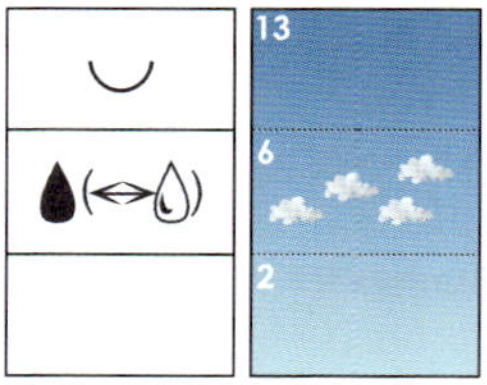

Auch dieses Bild zeigt Altocumulus-Wolken, die sehr regelmäßig in einem wellenartig strukturierten Feld angeordnet sind: **Altocumulus stratiformis undulatus**.

Wellenstrukturen sind sehr häufig im mittleren Wolkenstockwerk. Der Grund dafür ist einfach: In dieser Höhe spielen sich oft Aufgleitvorgänge ab, d. h., es wird Warmluft wie über eine schiefe Ebene auf einen Keil aus Kaltluft geschoben. Dabei kommt es an der schrägen Grenzfläche zwischen den beiden Luftmassen infolge von Dichte- und Windgeschwindigkeitssprüngen zur Wellenbildung. Einzelheiten dazu finden Sie auf Seite 16.

Ähnliche Vorgänge und damit ähnliche Wolkenformen sind uns auch im oberen Wolkenstockwerk schon begegnet. Im Übergangsbereich zwischen dem mittleren und dem hohen Niveau kann es manchmal schwierig sein, die richtige Einordnung zu treffen. In solchen Fällen wird der Schattenwurf als Kriterium verwendet: Ist wie hier ein Eigenschatten vorhanden, zählt die Wolke zum mittleren Stockwerk. Ohne einen solchen gehört sie zum oberen.

Prognose: Da diese Wolken – wie oben erwähnt – oft als Folge von Aufgleitvorgängen auftreten, sollte man eine Wetterverschlechterung einkalkulieren.

Altocumulus stratiformis undulatus

Familie:	mittelhohe		
Gattung:	haufenförmig	Altocumulus	Ac
Art:	feldartig angeordnet	stratiformis	str
Unterart:	wellenförmig	undulatus	un

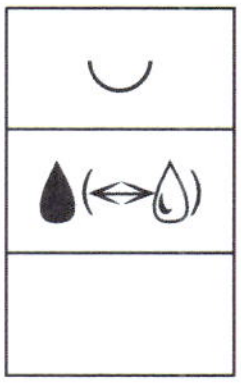

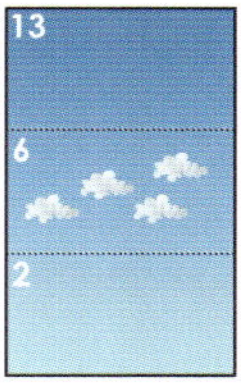

Im Gegenlicht der untergehenden Sonne lassen sich nicht nur die Wellenstrukturen dieses **Altocumulus stratiformis undulatus** sehr gut erkennen. Man sieht auch, dass es sich bei diesen Wolken nicht um flache, papierdünne Gebilde handelt, wie wir sie vom oberen Wolkenstockwerk gewöhnt sind, sondern dass sie doch eine gewisse vertikale Mächtigkeit besitzen. Diese Mächtigkeit ist es auch, die den Eindruck entstehen lässt, man hätte hier eine lückenlose, durchgehende Wolkenschicht vor sich. Ein Blick senkrecht nach oben würde zeigen, dass die Wolke (genauso wie auf den Seiten 77–81) aus einzelnen Walzen besteht, die in bestimmten Abständen hintereinander angeordnet sind. Dieser Effekt ist es auch, der den Beobachtern oft vorzugaukeln versucht, dass am eigenen Standort das Wetter stets am schönsten sei. Wie er zustande kommt, wird auf Seite 172 erklärt.

Prognose: Wellenbildungen in Wolken deuten normalerweise auf unterschiedlich temperierte Luftschichten übereinander hin: oben warm – unten kalt. Man muss also mit Aufgleitvorgängen (Seite 16) und in deren Folge Wetterverschlechterung rechnen.

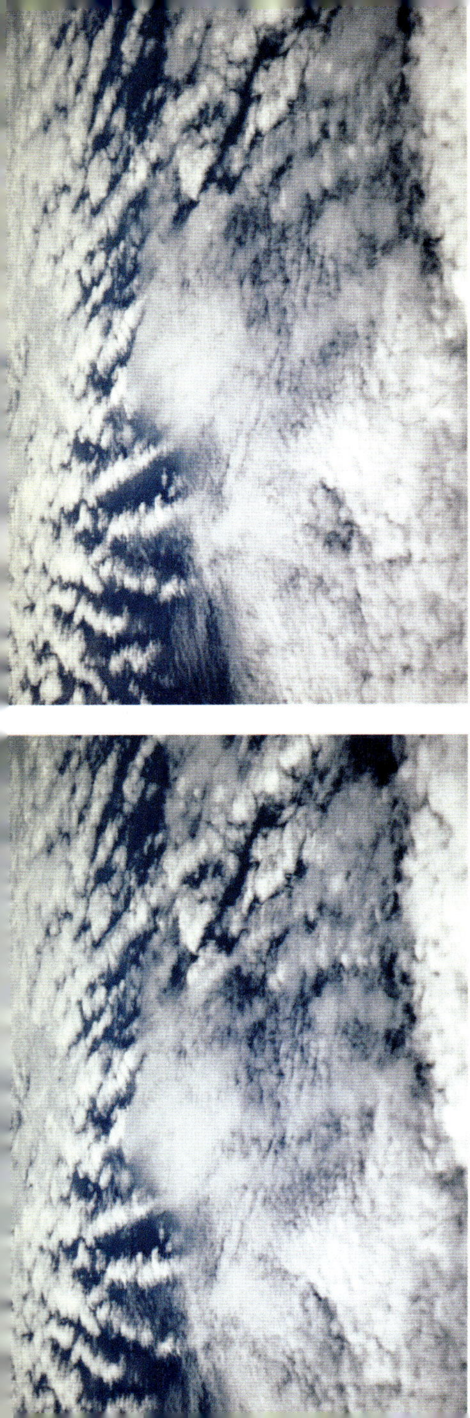

Die Windrichtung ist normalerweise am Boden anders als in größeren Höhen. Der Grund dafür ist die Reibung, die der Wind an der Erdoberfläche erfährt. Während er oberhalb von etwa 1 km genau längs der Grenze zwischen Hoch- und Tiefdruckgebieten bläst, nimmt er in den unteren Schichten eher eine Richtung vom Hoch zum Tief an. Über den glatten Ozeanen ist die Winddrehung mit der Höhe geringer als über den rauen Festländern. Darüber hinaus gibt es noch weitere Vorgänge, die eine Winddrehung bewirken. Sind in mehreren Höhen Altocumulus-stratiformis-undulatus-Felder vorhanden, so zeigen diese verschiedene, den unterschiedlichen Windrichtungen entsprechend angeordnete Wellenmuster. Leider sind die unterschiedlichen Wolkenwellen vom Boden aus oft nur schwer oder überhaupt nicht erkennbar.

Unsere Stereo-Luftaufnahme macht die Situation transparenter: Wir sehen im linken unteren Bildteil ein hauchdünnes und deshalb gut durchsichtiges **Altocumulus-Feld** mit zarten Wellenstrukturen. Überwiegend verlaufen die Wellen von links unten nach rechts oben. Unter dieser Schicht schwebt ein zweites, sehr kräftig entwickeltes **Altocumulus-Feld** mit einem – der Windrichtung entsprechend – fast genau von links nach rechts verlaufenden Wellenmuster. Dass nicht alle Wolkenwellen auf dem tieferen Niveau exakt parallel verlaufen, hängt mit der Perspektivenwirkung zusammen, die eine Radiatus-Form entstehen lässt (Seite 38, 52, 81, 151).

(Hinweise zum Betrachten der Stereobilder finden Sie auf Seite 42.)

Zwei Altocumulus-Schichten übereinander

Altocumulus stratiformis undulatus radiatus

Familie:	mittelhohe		
Gattung:	haufenförmig	Altocumulus	Ac
Art:	feldartig angeordnet	stratiformis	str
Unterart:	wellenförmig	undulatus	un
Unterart:	strahlenförmig	radiatus	ra

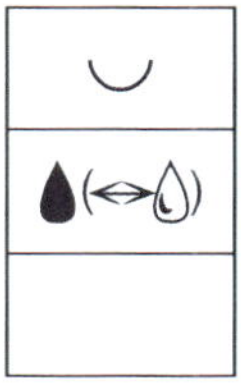

Bei einem ersten, flüchtigen Blick auf diesen Wolkenhimmel könnte man an einen Strahlenfächer denken, der eine Wolkenbank von hinten beleuchtet. Doch Vorsicht, lassen wir uns nicht von der Perspektive täuschen. Wir haben in Wirklichkeit ein ausgedehntes Feld von parallel angeordneten Altocumulus-Wogen vor uns, deren Achsen längs unserer Blickrichtung verlaufen. Wegen der Perspektive (Seite 80) scheinen diese in der Ferne auf einen gemeinsamen Punkt zuzustreben.

Die Namensgebung für dieses grandiose Wolkengebilde ist nicht ganz einfach: Natürlich handelt es sich um **Altocumulus stratiformis**. Da er eine wellenartige Struktur besitzt, gehört er der Unterart **undulatus** an, und weil die Wolken dem Beobachter fächerartig erscheinen, muss auch noch die Unterartenbezeichnung **radiatus** mitgeführt werden.

Da die einzelnen Wolkenwalzen parallel zueinander angeordnet sind, würde ein Beobachter, der im rechten Winkel zu unserer Blickrichtung auf dieses Wolkenfeld schaut, die Bezeichnung Altocumulus stratiformis undulatus wählen.

Altocumulus stratiformis translucidus, perlucidus

Familie:	mittelhohe		
Gattung:	haufenförmig	Altocumulus	Ac
Art:	feldartig angeordnet	stratiformis	str
Unterart:	durchscheinend	translucidus	tr
Unterart:	mit Zwischenräumen	perlucidus	pe

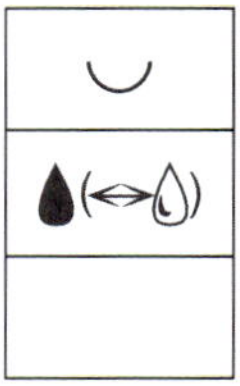

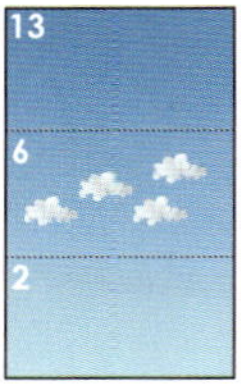

Wenn feld- oder flächenartig gestaltete mittelhohe Haufenwolken – also **Altocumulus stratiformis** – keine auffällige Struktur besitzen, werden sie nach ihrer Durchlässigkeit für das Sonnenlicht klassifiziert. Die Unterart **translucidus** bezeichnet ein Wolkenfeld, das so durchsichtig ist, dass die Stellung von Sonne oder Mond noch gut zu erkennen ist. Ein solches haben wir hier vor uns.

Das Wolkenfeld zeigt aber auch noch Lücken, durch die der blaue Himmel erkennbar ist. Besonders im unteren Bildteil und rechts oben sind solche Lücken zu sehen. Diese Wolkenpartien werden unter **Altocumulus stratiformis perlucidus** eingruppiert.

Altocumulus translucidus lässt häufig ganz eigenartige Wolkenstimmungen entstehen, die manchmal an nächtliche Vollmond-Romantik, dann aber auch wieder an die großen Hell-Dunkel-Gegensätze von Föhnsituationen erinnern. Das vorliegende Bild versucht diese Stimmung wenigstens andeutungsweise zu vermitteln. Auf den ersten Blick scheint es in einer Vollmondnacht entstanden zu sein; es wurde aber tatsächlich am helllichten Tag aufgenommen. Allerdings wurde es bewusst unterbelichtet, damit die Wolkenstrukturen besser hervortreten können. Ähnliches gilt auch für das Bild auf Seite 83.

Altocumulus stratiformis translucidus, perlucidus

Familie:	mittelhohe		
Gattung:	haufenförmig	Altocumulus	Ac
Art:	feldartig angeordnet	stratiformis	str
Unterart:	durchscheinend	translucidus	tr
Unterart:	mit Zwischenräumen	perlucidus	pe

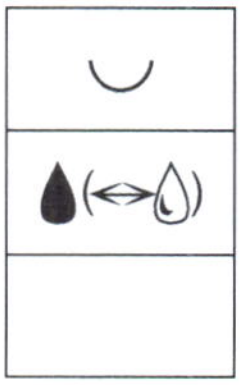

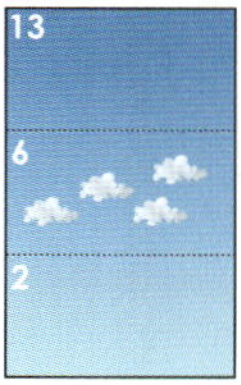

Auch wenn dieser Wolkenhimmel einen völlig anderen Charakter besitzt als der auf dem Bild von Seite 82, so besteht doch kein Zweifel: Es handelt sich um feldartig angeordnete mittelhohe Haufenwolken: **Altocumulus stratiformis** (dies jedenfalls gilt für die beiden unteren Drittel des Bildes).

Da der Standort der Sonne erkennbar ist, gehören die Wolken zur Unterart **translucidus**. In diesem Bereich zeigt sich an ein paar wenigen Stellen noch der blaue Himmel, deshalb ist auch die Unterart **perlucidus** vertreten.

Zum oberen Bildrand hin wachsen die Wolken so dicht zusammen, dass man von einer lückenlosen, durchgehenden Schicht sprechen kann. Man müsste sie dann als **Altostratus opacus** bezeichnen.

Das Bild entstand während einer nur sehr schwach ausgeprägten Föhn-Situation (Seite 161) im oberbayerischen Alpenvorland mit Blick in Richtung Alpen. Man kann sehr gut erkennen, wie sich die wolkenauflösende Wirkung des Föhns mit der Entfernung von den Bergen rasch verliert: Während am Alpenrand noch vielerorts das Licht der Sonne durch die Wolken fällt, spannt sich über dem Beobachter eine geschlossene Wolkenschicht, die die Sonne nicht mehr zu durchdringen vermag.

Altocumulus castellanus

Familie:	mittelhohe		
Gattung:	haufenförmig	Altocumulus	Ac
Art:	zinnenförmig	castellanus	cas

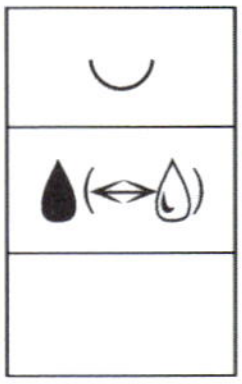

Hier begegnet uns eine völlig andere Art von mittelhohen Haufenwolken, die **Altocumulus castellanus**, häufig auch Castellani genannt. Eine detailliertere Charakterisierung durch Angabe einer Unterart ist hier nicht möglich.

Wie an einer Perlschnur aufgereiht sitzen kleine Quellwölkchen auf einer gemeinsamen, langgestreckten, flachen Wolkenbank. Ihre Höhe dürfte etwa 4000–6000 m betragen. Castellani gehören nicht nur zu den besonders markanten Wolkenformen, sie sind auch ausgesprochen zuverlässige Wetterpropheten.

Prognose: Wenn morgens Castellani am Himmel erscheinen, darf man mit fast hundertprozentiger Sicherheit damit rechnen, dass es noch Gewitter geben wird. Warum sie so untrügliche Zeichen dafür sind, wurde schon auf Seite 18 ausführlich beschrieben. Hier das Wichtigste noch einmal in Kürze: Herannahende Kaltluft trifft häufig in der Höhe früher ein als am Boden. Sie schiebt sich damit über die bodennahe Warmluftschicht. Infolge Abkühlung der Warmluft mit Wasserdampf-Kondensation entsteht an der Kontaktfläche der beiden Luftschichten eine Wolkenbank; gleichzeitig kommt eine muntere Konvektion (Seite 11) in Gang, die aus der Wolkenbank zinnenartige Quellungen hervorbrechen lässt.

Altocumulus castellanus

Familie:	mittelhohe		
Gattung:	haufenförmig	Altocumulus	Ac
Art:	zinnenförmig	castellanus	cas

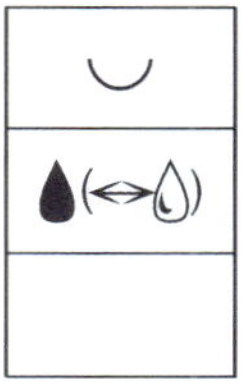

Wer solche **Castellani** fotografieren will, muss früh aufstehen. Wie man sieht, zeigen sich Castellanus-Wolken bereits zur Zeit des Sonnenaufgangs am Himmel. Meist verschwinden sie sehr schnell wieder, sodass Spätaufsteher von der „Gewitterwarnung“ die von ihnen ausgeht, überhaupt nichts mitbekommen.

Ob es sich im vorliegenden Fall tatsächlich um eine mittelhohe Castellanus-Wolke handelt, kann wegen der etwas unsicheren Schätzung ihrer Höhe nicht mit letzter Sicherheit gesagt werden. Es könnte sich auch um eine tiefe Wolke handeln. Aber das ist auch nicht ganz so wichtig. Viel interessanter ist, dass Castellanus-Formen schon in den frühen Morgenstunden auftauchen, auch wenn die Gewitter, die sie ankündigen, noch bis zum Abend auf sich warten lassen.

Auf Seite 59 wurde gesagt, dass Castellanus-Formen auch im oberen Wolkenstockwerk zu finden sind, und zwar sowohl als natürlicher **Cirrus castellanus**, als auch als Quellungen an Kondensstreifen von Flugzeugen (Seite 86).

Prognose: Da die Kaltluft, der sie ihre Existenz verdanken, im Ci-Stockwerk schon früher ankommt als in Ac-Stockwerk, können sie dort schon bis zu zwei Tage vor dem Wetterwechsel auftreten, sind aber nicht so verlässlich wie Ac cas.

Altocumulus castellanus

Familie:	mittelhohe		
Gattung:	haufenförmig	Altocumulus	Ac
Art:	zinnenförmig	castellanus	cas

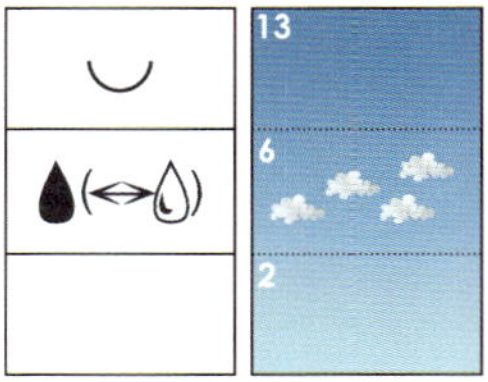

Dieses Bild zeigt einen Blick aus dem Flugzeugfenster auf ein darunterliegendes Feld bunt verstreuter **Altocumulus-castellanus**-Wolken.

Anders als auf dem Bild von Seite 84 haben wir hier keine langen, dünnen Wolkenbänke vor uns, aus denen die Castellani hervorschießen, sondern großflächig verteilte, isolierte Castellanus-Entwicklungen – eine eher seltene Erscheinung!

Sehr schön ist auf diesem Foto erkennbar, dass Castellanus-Wolken durch Konvektion (Seite 17) entstehen. Jedes der kleinen Türmchen präsentiert sich wie eine quellende Cumulus-Wolke mit Blumenkohl-Struktur. Auch das messerscharfe Kondensationsniveau ist zumindest erahnbar. Die Türmchen dürften sich in einer Höhe zwischen 4000 und 6000 m aufhalten. An einigen Stellen ist auch zu erkennen, wie sich Wolkenteile von der Basis loszulösen beginnen und sich anschicken, wie kleine Watteböllchen in die Höhe zu schweben.

Altocumulus floccus

Familie:	mittelhohe		
Gattung:	haufenförmig	Altocumulus	Ac
Art:	büschelförmig	floccus	flo

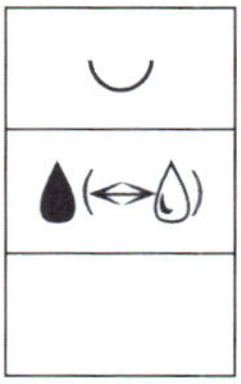

Diese flocken-, büschel- oder bauschenförmigen Wolken heißen **Altocumulus floccus**. In der Umgangssprache werden sie **grobe Schäfchenwolken** genannt.

Prognose: Meist können die Schäfchenwolken ihre Herkunft nicht verheimlichen. Man sieht ihnen recht deutlich an, dass sie beim Zerfallen von wellenförmigen Altocumulus-Wolken entstanden sind, die ihrerseits typische Aufgleitwolken sind (Seite 16). Damit verraten die Schäfchenwolken indirekt, dass Aufgleitvorgänge im Gang sind, die Niederschläge erwarten lassen.

Ist der Himmel wie ein Fisch,
regnet's in 24 Stunden g'wiss.

So lehrt uns eine bekannte Wetterregel.

Mag sein, dass der Dichter dieses holperigen Reimes nicht gerade ein begnadeter Poet war – ein guter Wetterbeobachter war er allemal!

Mit Hilfe zahlreicher Beobachtungen hat man nämlich feststellen können, dass tatsächlich in gut zwei Dritteln aller Fälle von Schäfchenwolken am Himmel innerhalb der nächsten 24 Stunden Regen- oder Schneefälle gefolgt sind.

Wer es gerne etwas poetischer mag, kann sich ja den hübschen Wetterspruch von Beat Wismer merken:

Wenn der Himmel gezupfter Wolle gleicht, das schöne Wetter bald dem Regen weicht.

Altocumulus floccus virga

Familie:	mittelhohe		
Gattung:	haufenförmig	Altocumulus	Ac
Art:	büschelförmig	floccus	flo
Begleitwolke:	Fallstreifen	virga	vir

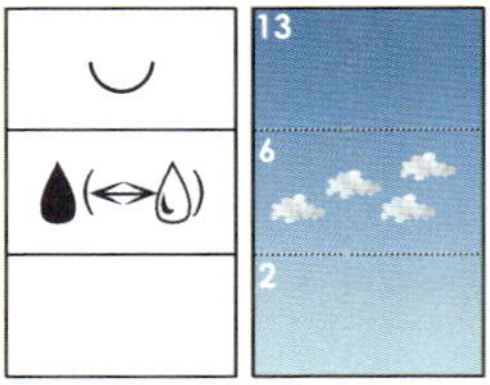

Auch wenn diese Wolken auf den ersten Blick an Cirrus uncinus (Seite 36) erinnern, so handelt es sich doch um echte Altocumulus floccus. Zum einen ist es ihre Höhe, die sie in die Gattung der mittelhohen Wolken verweist. Dazu muss man sie allerdings in der Natur sehen, auf einem Foto ist die Höhe nur schwer abzuschätzen. Zum anderen lässt ihre Form und Struktur erkennen, dass es sich nicht um feine, faserige Eiswolken handeln kann. Sie sind kompakter und gedrungener, stellenweise sind sogar Eigenschatten zu erkennen.

Das Auffälligste an diesen Wolken sind die **Fallstreifen** (virga, Seite 39), die kommaförmig unter ihnen hängen. Fallstreifen bestehen aus Wassertröpfchen, die im Fall vom Wind vertragen werden und dabei rasch verdunsten. Fallstreifen zählen nicht zu den Unterarten von Wolken, sondern gehören in die Gruppe der Sonderformen und Begleitwolken. Damit lautet der vollständige Name dieser Wolken **Altocumulus floccus virga**.

Altocumulus floccus virga

Familie:	mittelhohe		
Gattung:	haufenförmig	Altocumulus	Ac
Art:	büschelförmig	floccus	flo
Begleitwolke:	Fallstreifen	virga	vir

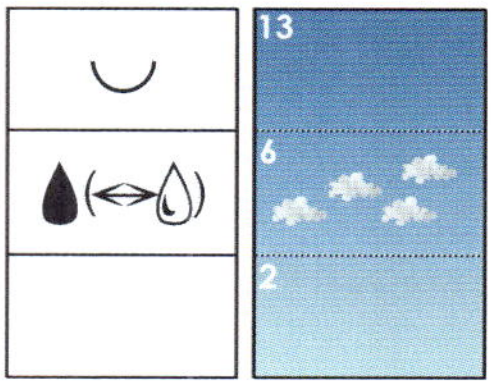

Wie auf Seite 88 haben wir hier ebenfalls wieder Altocumulus floccus virga vor uns.

Dass die Fallstreifen strahlenförmig angeordnet sind, ist – wie schon in vielen anderen Fällen (Seite 80) – auch hier wieder eine Folge der Perspektive. Der Wind trägt die Fallstreifen vom Beobachter weg. Damit scheinen sie in der Ferne immer näher zusammenzurücken, ja sogar auf einen einzigen Punkt hin zu streben.

Die Wolken dürften sich im oberen Bereich des mittleren Wolkenstockwerkes aufhalten; eine genaue Höhenangabe liegt leider nicht vor. Aus ihrer feinen Stuktur darf man jedenfalls schließen, dass sie zu einem nicht unerheblichen Teil aus Eiskristallen bestehen. Dafür sind aber ausreichend tiefe Temperaturen erforderlich (Seite 43), die nur in entsprechend großen Höhen gegeben sind.

Prognose: Neben **Altocumulus castellanus** darf auch **Altocumulus floccus** als Gewitterbote betrachtet werden. Allerdings ist er nicht ganz so zuverlässig wie die berühmten **Castellani**. Insbesondere zerrupft aussehende Formen – wie Köpfe mit struppigen, zerzausten Haaren – deuten, wenn sie schon am Morgenhimmel auftauchen, auf nachmittägliche oder abendliche Gewitter hin.

Altocumulus lenticularis

Familie:	mittelhohe		
Gattung:	haufenförmig	Altocumulus	Ac
Art:	linsenförmig	lenticularis	len

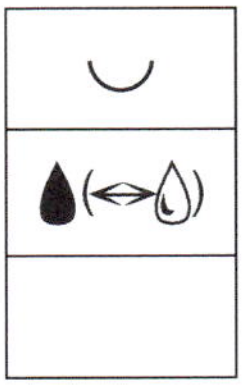

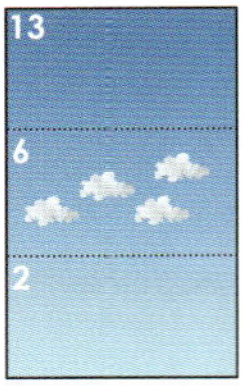

Wie ein riesiger Zeppelin schwebt dieses einmalige Prachtexemplar von **Altocumulus lenticularis** über den Bergen des Andengebirges. Im Gegensatz zu anderen Wolken, die mit der Strömung verfrachtet werden, bleiben Lenticularis-Wolken ortsfest – verändern aber ihre Form und Größe ständig. Sie werden sozusagen durchströmt.

Wolken dieser Art dürfen nicht mit den **Morning glory clouds** verwechselt werden – einer Wolkenform, die in Nordaustralien sehr häufig zu finden ist. Es handelt sich dabei um ein bis zu mehrere hundert Kilometer langes und nur 1000–2000 m breites und ebenso hohes Wolkenband mit einer Untergrenze von etwa 1500–1700 m, das somit zu den tiefen Wolken zählt.

Es entsteht, wenn am Tag die Seewinde von beiden Seiten der schmalen Cape-York-Halbinsel aufeinander treffen. Es kommt dabei zu einem wellenartigen Stau der Luft mit Hebung, Abkühlung und Kondensation von Wasserdampf. Dabei bildet sich längs des nord-südlich verlaufenden Wellenkammes diese langgestreckte Wolke. Östliche Winde der höheren Atmosphäre verlagern sie nach Westen, über den Golf von Carpentaria hinweg, bis sie gegen Morgen die Küste von Queensland erreicht – daher der Name „Morning glory". Bei uns ist diese Wolkenform extrem selten.

Altocumulus lenticularis duplicatus

Familie:	mittelhohe		
Gattung:	haufenförmig	Altocumulus	Ac
Art:	linsenförmig	lenticularis	len
Unterart:	doppelt	duplicatus	du

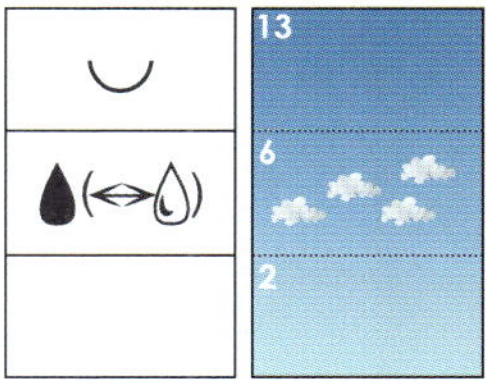

Zwei- oder, wie auf unserem Foto zu sehen, sogar mehrfach geschichtete Altocumulus-lenticularis-Formen gehören zu den selteneren Erscheinungen am Wolkenhimmel. Sie entstehen, wenn sich in der Atmosphäre trockenere und feuchtere Luftschichten abwechseln. Der Schichtung wird durch Angabe der Unterart duplicatus Rechnung getragen: **Altucumulus lenticularis duplicatus**.

Erkannt wurde die Natur dieser Wolken im Lee des Riesengebirges bei Südwestwind, als Segelflieger in ihnen sehr gleichmäßige, sich über mehrere tausend Höhenmeter erstreckende Aufwinde vorfanden. Die Wolken waren dort aber bereits unter dem Namen **Moazagotl-Wolken** bekannt. Angeblich handelt es sich dabei um eine mundartliche Verstümmelung des Namens Gottlieb Matz, eines Schäfers aus dem Hirschberger Kessel. Er war bekannt für seine auf die Beobachtung dieser Wolken gegründeten Wettervorhersagen.

Den Segelfliegern sind Moazagotl-Wolken eine willlkommene Hilfe beim Suchen von Aufwindfeldern – nähere Einzelheiten dazu finden Sie in der Fachliteratur für Fliegerei. Allerdings wurden Segelflugzeuge darin schon bis in so große Höhen getragen, dass Kälte und Sauerstoffmangel die Piloten in ernste Situationen gebracht haben.

Altocumulus lenticularis

Familie:	mittelhohe		
Gattung:	haufenförmig	Altocumulus	Ac
Art:	linsenförmig	lenticularis	len

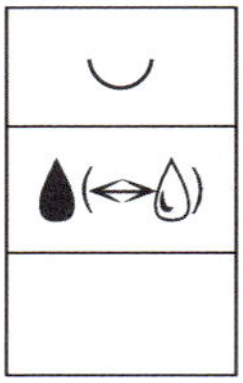

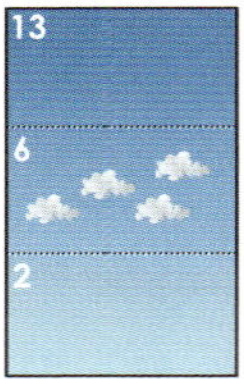

Solche Wolken haben schon oft zu Anrufen besorgter Bürger bei den Wetterämtern geführt. In der Tat stellt man sich landläufig so oder so ähnlich „Fliegende Untertassen“ oder andere unbekannte Flugobjekte vor. Tatsächlich handelt es sich aber nur um harmlose **Altocumulus-lenticularis**-Wolken – wenn auch in ungewöhnlich eindrucksvoller Ausformung.

Was diese Himmelserscheinungen noch beängstigender macht, ist der Kranz aus „spitzen Stacheln“, der um die Oberseite der vermeintlichen UFOs herumläuft. Dabei handelt es sich natürlich um nichts anderes als feine **Wellenbildungen** an der Wolkenobergrenze, die in der internationalen Klassifikation unter undulatus geführt werden.

Besonders beängstigend wirkt auf manche Menschen, wenn die ausdünnenden Ränder solcher Altocumulus-lenticularis-Wolken „irisieren“, das heißt in schimmernden Perlmutterfarben aufleuchten. Ein Beispiel für irisierende Wolken sowie nähere Erklärungen zu diesem Phänomen finden Sie auf Seite 97.

Altostratus opacus

Familie:	mittelhohe		
Gattung:	schichtförmig	Altostratus	As
Unterart:	undurchsichtig	opacus	op

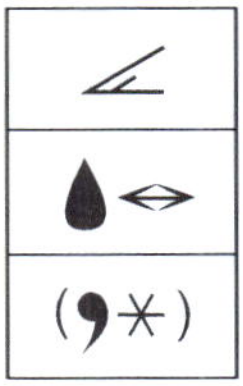

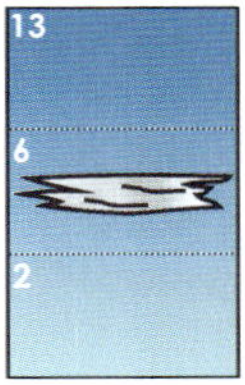

Sieht man von ein paar Aufhellungen am Horizont ab, so haben wir hier eine lückenlose, durchgehende und weitgehend strukturlose sowie einheitlich gefärbte, mittelhohe Schichtwolke vor uns, hinter der die Sonne verborgen bleibt. Aus dieser Beschreibung heraus ergibt sich folgende Eingruppierung: Gattung: Altostratus; Art: bei Altostratus gibt es keine Unterteilung in Arten (Seite 30); Unterart: opacus. Also: **Altostratus opacus**.

Altostratus besteht üblicherweise aus einem Gemisch von flüssigen Tröpfchen und Eiskristallen. Er kann Flächen bis zu mehreren hundert Kilometern überdecken und eine vertikale Mächtigkeit bis zu mehreren tausend Metern erreichen. Er nimmt dann – wie auch auf unserem Bild – eine dunkle graublaue Färbung an und lässt die Sonne hinter sich nicht mehr erkennen.

Prognose: Altostratus stellt sich meistens in fortgeschrittenen Phasen von Aufgleitvorgängen (Seite 16) ein. Das macht ihn zu einem sicheren Vorzeichen für unmittelbar bevorstehenden und meist anhaltenden Regen- oder Schneefall. Gelegentlich beginnt sogar bereits aus der Altostratus-Wolke Niederschlag zu fallen.

Altostratus undulatus

Familie:	mittelhohe		
Gattung:	schichtförmig	Altostratus	As
Unterart:	wellenartig	undulatus	un

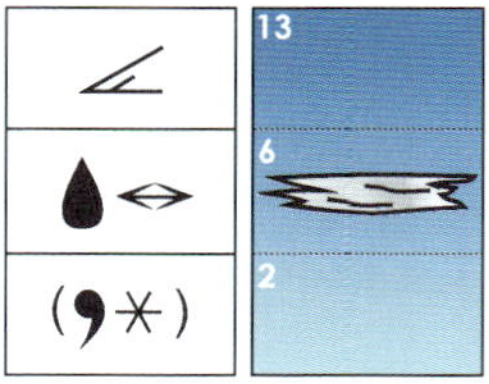

Auch hier sehen wir eine den gesamten sichtbaren Himmel überspannende mittelhohe Schichtwolke. Beim Vergleich mit der auf Seite 93 gezeigten, fast völlig glatten Wolke, fällt hier die regelmäßige wellenartige Struktur auf. Außerdem wirkt sie heller und damit lichtdurchlässiger. Sie wird deshalb unter **Altostratus undulatus** eingruppiert.

Dünne Altostratus-Schichten sind manchmal nur schwer von Cirrostratus zu unterscheiden. In solchen Fällen sollte man auf Schattenwürfe und/oder Haloerscheinungen achten. Treten sie auf, so handelt es sich um Cirrostratus.

Zu Bild rechts siehe Seite 95.

Altostratus translucidus im Mondlicht

Altostratus translucidus

Familie:	mittelhohe		
Gattung:	schichtförmig	Altostratus	As
Unterart:	durchscheinend	translucidus	tr

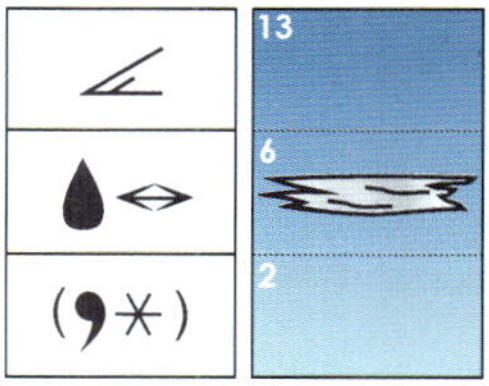

Durch diesen Altostratus hindurch ist noch gut zu erkennen, an welchem Punkt des Himmels die Sonne steht. Es handelt sich demnach um einen **Altostratus translucidus**.

Auffällig ist jedoch, dass die Sonne nur als ein heller Fleck mit einem zerzausten, ausgefransten Rand erscheint. Das ist ein Zeichen dafür, dass unser Altocumulus eine erhebliche Zahl von Eiskristallen enthält. Hinter reinen Wasserwolken, also Wolken, die nur flüssige Tröpfchen enthalten, haben Sonne und Mond stets einen messerscharfen Rand. Auf den Bildern der Seiten 96 und 122 sieht man, wie sich die Sonne durch Wasserwolken hindurch zeigt. Der Unterschied im Erscheinungsbild der Sonne geht auf die unterschiedlichen Streuungseigenschaften zwischen Eiskristallen und Wassertröpfchen zurück. Das Phänomen dient sogar der Identifizierung der Wolken. Um es deutlich erkennbar zu machen, wurde das Bild bewusst unterbelichtet.

Prognose: Wenn sich Sonne (Bild oben) oder Mond (Bild Seite 94 unten) hinter einer Wolkenschicht zu einem kleiner werdenden Lichtfleck mit einem unscharfen Rand verwandeln, darf man davon ausgehen, dass in der Höhe Aufgleitvorgänge ablaufen. Dann kann es bis zum Beginn des Regen- bzw. Schneefalls noch einige Stunden dauern.

Kranz

Optische Phänomene in mittelhohen Wolken

Kranz

Die Erscheinung in der Abbildung oben wird als **Kranz** bezeichnet. Kränze um Sonne **(Achtung! Sonnenkränze nie ohne Blendschutz beobachten!)** und Mond treten in Wolken auf, die überwiegend aus Wassertropfen bestehen. In Eiswolken findet man sie kaum. Beim Mond spricht man üblicherweise von **Hof**. Höfe treten auch an beschlagenen Fensterscheiben auf, wenn man den Mond durch den Beschlag hindurch betrachtet (vgl. unten).

Ein Kranz besteht meistens aus mehreren farbigen Lichtringen. Normalerweise ist der innerste, der auch als **Aureole** bezeichnet wird, bläulich bis weißlich gefärbt. Er wird von einem gelblichen umschlossen, dem schließlich ein rötlicher folgt. Nicht selten wiederholt sich dieses Farbenspiel nach außen hin noch zwei- bis dreimal.

Kränze entstehen durch Beugung des Lichtes (zur Erklärung von Beugungsvorgängen muss hier auf Fachbücher der Physik verwiesen werden).

Je kleiner die Tröpfchen sind, desto größer sind die Ringe eines Kranzes. Man kann aus der Größe des Kranzes sogar die Tröpfchengröße berechnen: Ist der (innerste) rötliche Ring n-mal so groß wie der Mond bzw. die Sonne, so gilt für den Tröpfchendurchmesser d (in mm):

$d = 0{,}076 / n$;

bzw. für die Ringgröße: $n = 0{,}076 / d$.

Auf unserem Foto ist der Durchmesser des rötlichen Ringes (n) etwa 15-mal so groß wie der Mond. Demnach beträgt die Tröpfchengröße etwa 0,005 mm oder 5 µm. Dieser Wert deckt sich gut mit den Ergebnissen von Messungen in

Irisierende Wolken

Altocumulus-Wolken, die einen Mittelwert um 8 µm ergaben (Seite 33).

Prognose: „Ein Hof um den Mond bringt Regenwetter". Diese Regel gilt als ältestes schriftlich festgehaltenes Wetterzeichen. Es wurde schon vor 2700 Jahren von den Assyrern in Keilschrift in weiche Tontafeln gedrückt und so der Nachwelt hinterlassen, wie Andreas Jäger berichtet. (www.bergwelten.com/a/wetterregel-mond-mit-hof-wetterumschwung).

Dass die Größe eines Hofes von der Tröpfchengröße abhängt, kann man in jeder kühlen Mondnacht beobachten. Dazu braucht man nur eine Festerscheibe leicht anzuhauchen und gleichzeitig die Größe des im Beschlag entstehenden Mondhofes zu beobachten. Man wird feststellen, dass zunächst ein relativ großer Hof entsteht, dass sich aber die Ringe bei fortgesetztem Anhauchen der Scheibe immer enger zusammenziehen. Der Vorgang ist leicht zu verstehen. Zunächst bilden sich auf der Scheibe sehr kleine Wassertröpfchen; bei fortgesetzter Wasserdampfzufuhr aus der Atemluft werden sie aber größer und größer. Die Folge ist, dass die farbigen Ringe des Hofes immer weiter schrumpfen.

Irisierende Wolken

Von Irisieren spricht man, wenn Wolken in Perlmutterfarben aufleuchten. Dabei herrschen grüne und rote Farbtöne vor. Die Erscheinung tritt vorwiegend an den Rändern dünner Altocumulus- und Altostratus-Wolken auf, die sich weiter als 20 Grad von der Sonne entfernt, aber doch noch in ihrer Nähe aufhalten. Das Phänomen geht auf Beugung von Lichtstrahlen an Wassertröpfchen und Eiskristallen (siehe oben) von sehr einheitlicher Größe zurück.

Tiefe Wolken

Bei der Einteilung der tiefen Wolken weichen wir etwas vom Schema der internationalen Klassifikation ab: Nach ihr gehören die Cumulus-Wolken nicht zu den tiefen, sondern zu den stockwerkübergreifenden Wolken. Sicher wird es nicht schwerfallen, einen mächtigen Cumulus congestus (siehe z. B. Seite 107) in diese Kategorie einzordnen. Bei einem Cumulus mediocris (Seite 104, 105) ist das schon etwas anders. Sehr fragwürdig erscheint es, einen flachen Schönwetter-Cumulus (Cumulus humilis; Seite 101) zu den stockwerkübergreifenden Wolken zu zählen. Wir wollen deshalb neben dem Stratus und Stratocumulus auch die drei Arten von Cumulus als tiefe Wolken bezeichnen. Dabei muss uns aber bewusst sein, dass kräftige Cumulus-Entwicklungen teilweise sogar erheblich über das untere Wolkenstockwerk hinauswachsen können. Die Grenzen können also durchaus fließend sein.

Die Abweichung unseres Schemas vom Internationalen Wolkenaltas ist ausschließlich der Didaktik geschuldet. Der Wolkenaltas stellt ein hoch geschätztes und weltweit angewendetes Hilfsmittel zur Beobachtung, Verschlüsselung und Meldung der örtlichen Bewölkungssituation dar. Dabei kommt es auf eindeutige und verwechslungssichere Aussagen an, die an der Sammelstelle für Wettermeldungen eindeutig und richtig verstanden werden. Das vorliegende Büchlein dagegen versteht sich als kleine Wolkenkunde, die dem Lesepublikum die Vorgänge am Wolkenhimmel schnell und unkompliziert nahe bringen soll.

Typische Formen tiefer Wolken

Beispiel für Cumulus: Cumulus mediocris

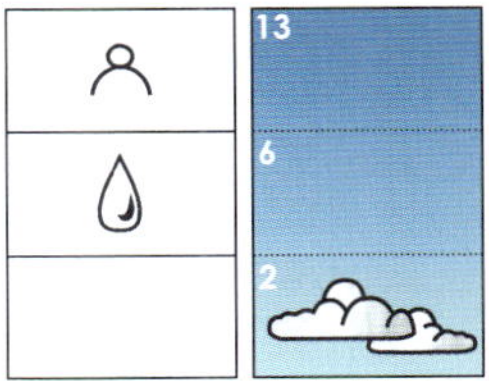

Familie:	tiefe		
Gattung:	haufenförmig (durch Konvektion)	Cumulus	Cu
Art:	mittelmäßig entwickelt	mediocris	med

Im unteren Wolkenstockwerk gibt es – anders als im mittleren und oberen – zwei Formen von Haufenwolken: **Cumulus** und **Stratocumulus**. Der Grund dafür ist, dass dort zwei sehr unterschiedliche Entstehungsmechanismen ablaufen. Das ist zum einen die **Konvektion** (Seite 11): Dabei steigen am Boden erwärmte Luftpakete wie Heißluftballone auf und kühlen sich dabei ab. Sobald die Taupunkttemperatur (Seite 6) unterschritten ist, beginnt Wasserdampf zu kondensieren und es entsteht eine Wolke der Gattung **Cumulus**. Die Höhe, in der die Kondensation einsetzt, heißt Kondensationsniveau (Seite 12). Mit fortschreitender Kondensation bilden sich in der Wolke quallenförmige Mikrozirkulationen aus (Seite 23), die nach oben stoßen und eine blumenkohlförmige Wolkenoberseite entstehen lassen.

Diese Vorgänge erklären zwanglos das Erscheinungsbild der Cumulus-Wolken, so wie es im Wolkenatlas beschrieben ist: isolierte (aus einzelnen Luftpaketen), dichte (aus warmer und damit wasserdampfreicher Luft), scharf abgegrenzte (Entrainment, Seite 24) Wolken, die sich in Form von blumenkohlähnlichen Hügeln oder Kuppeln nach oben entwickeln. Ihre Untergrenze ist scharf ausgebildet und verläuft horizontal (Kondensationsniveau).

Prognose: siehe Seite 106.

Beispiel für Stratocumulus

Familie:	tiefe	
Gattung:	haufenförmig (durch Turbulenz)	Stratocumulus Sc

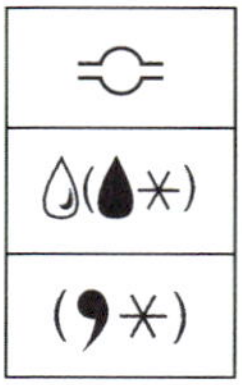

Die zweite Entstehungsursache für Haufenwolken im unteren Wolkenstockwerk ist die **Turbulenz** (Seite 14). Sie geht darauf zurück, dass es in der Atmosphäre eine Vielzahl von Wirbeln gibt. In ihren aufwärts gerichteten Strömungsästen wird Luft bis über das Kondensationsniveau gehoben. Die dabei entstehenden Wolken gehören zur Gattung **Stratocumulus**. Allerdings muss darauf hingewiesen werden, dass es auch noch andere Entstehungsmechanismen für Stratocumulus gibt.

Diese Wolken unterscheiden sich in wesentlichen Merkmalen von solchen Cumulus-Wolken, die durch Konvektion entstanden sind: Sie haben einen unscharfen, oftmals zerzausten Rand, ein erkennbares Kondensationsniveau gibt es nicht. Der Grund dafür ist, dass die Wolken von der turbulenten Luftbewegung ständig in alle möglichen Richtungen auseinandergezerrt und zerzupft werden. Betrachtet man eine Cumulus-Wolke, so glaubt man, einen Gegenstand vor sich zu haben. Eine Stratocumulus-Wolke dagegen wirkt wie ein Nebel, den man nicht zu fassen bekommt – bestenfalls noch wie ein Wattebausch ohne feste Oberfläche und ohne Kontur. Selbstverständlich zeigt Stratocumulus auch keine Quellungen. Allerdings kommen in der Natur häufig Mischformen vor.

Cumulus humilis

Familie:	tiefe		
Gattung:	haufenförmig	cumulus	Cu
Art:	flach	humilis	hum

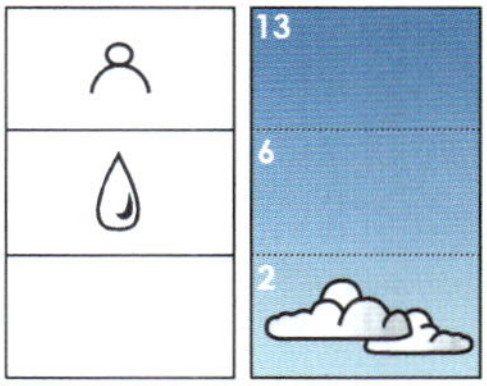

Die Gattung Cumulus ist in vier Arten gegliedert. Drei von ihnen beziehen sich auf die Mächtigkeit der Wolke: a) flache: **humilis**, mit einer Höhe von weniger als 1000 m; b) mäßig hohe: **mediocris**, die zwischen 1000 und 2000 m hoch sind und c) hoch aufgetürmte: **congestus**, die bis weit über 2000 m wachsen können (diese Höhenangaben sind allerdings inoffiziell!). Die vierte, **fractus**, beschreibt eine Sonderform (Seite 111).

Sicher ist das Schätzen der Wolkenhöhe nicht jedermanns Sache. Deshalb noch eine griffige Faustregel, die auf Einzelwolken angewendet werden kann, wenn sie nicht allzu breit und ihre Form und Größe gut erkennbar sind: Ist eine Cumulus-Wolke deutlich flacher als sie breit ist, so zählt sie zur Art **humilis**; ist sie etwa so hoch wie sie breit ist, so wird sie in die Art **mediocris** eingruppiert und ist sie höher als breit, dann lautet ihre Artenbezeichnung **congestus**.

Die Wolken auf diesem Bild zeigen die Merkmale durch Konvektion entstandener tiefer Haufenwolken: scharfe, waagerechte und dunkle Untergrenze und Andeutungen von Blumenkohl-Strukturen. Sie gehören also der Gattung Cumulus an. Weil sie deutlich flacher als breit sind, zählen sie zur Art humilis; wir haben also **Cumulus humilis** vor uns.

Cumulus humilis

Familie:	tiefe		
Gattung:	haufenförmig	Cumulus	Cu
Art:	flach	humilis	hum

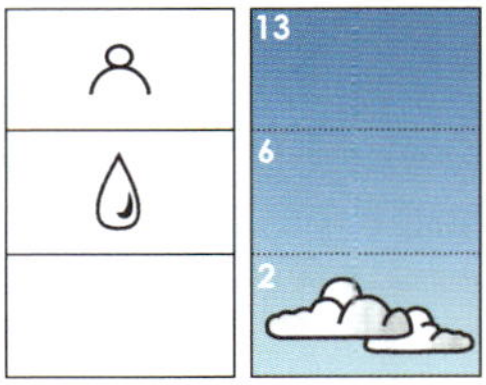

Ist eine Cumulus-Wolke entstanden, so hängt ihre weitere Entwicklung von verschiedenen Faktoren ab:

1.) Entwicklungsbedingungen (Seite 20) oberhalb des Kondensationsniveaus (Seite 12): Geht dort die Temperatur mit der Höhe nur wenig zurück, bleibt die Wolke flach. Geht sie aber stark zurück, kann die Wolke gewaltig wachsen, maximal bis zur Tropopause (Seite 22).

2.) Entrainment: Darunter versteht man das Einsaugen von Umgebungsluft in das Wolkeninnere (Seite 24). Ist die Luft in der Umgebung der Wolke relativ trocken, so sinkt auch im Inneren der Wolke die Luftfeuchtigkeit, die Wolkenbildung wird dadurch verlangsamt oder kommt sogar ganz zum Stillstand.

3.) Windscherung: Das ist die Zunahme der Windgeschwindigkeit mit der Höhe. Nimmt der Wind mit der Höhe stark zu, so werden die Cumulus-Wolken regelrecht gekippt und bleiben deshalb flach. Unser Bild zeigt ein Beispiel. Man sieht deutlich wie der Wind die Wolken nach links verbläst, sodass sie relativ flach bleiben.

4.) Wasserdampfgehalt der aufsteigenden Luft: Je feuchter die Luft ist, desto mächtiger kann die Wolke werden.

Prognose: siehe Seite 106.

Cumulus humilis

Familie:	tiefe		
Gattung:	haufenförmig	Cumulus	Cu
Art:	flach	humilis	hum

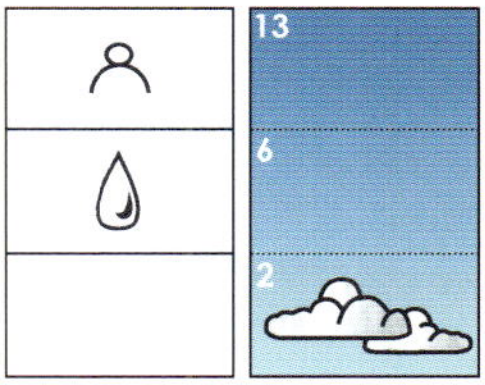

Welche Vorgänge bei Konvektion und Thermik ablaufen, haben wir bereits auf Seite 11ff. erfahren.

Wenn in der Höhe frischer Wind herrscht und oberhalb des Kondensationsniveaus eine Inversion vorhanden ist, werden die durch Konvektion nach oben getragenen Luftblasen fortgeweht. Die aus ihnen entstandenen Cumulus-Wolken reihen sich dann zu einer langen Folge an. Bei starker Konvektion mit kontinuierlichen Aufwinden kann es sogar so weit kommen, dass die einzelnen Cumulus-Wolken zu einer zusammenhängenden Wolkenstraße zusammenwachsen. Eine solche Situation sehen wir auf diesem Bild. Es zeigen sich viele Kilometer lange Wolkenstraßen, die aus kontinuierlich Wasserdampf liefernden Aufwindschläuchen entstanden sind.

Ebenfalls in die Gruppe der Cumulus-Wolken gehören viele Wolken, die aus dem Wasserdampf entstehen, der bei technischen Prozessen freigesetzt wird (wir werden auf Seite 149ff. noch ausführlich darüber sprechen).

Der schon mehrfach zitierte Münchener Meteorologie-Professor Fritz Möller, der für seine prägnant-humorvollen Formulierungen bekannt war, hat für sie einen eigenen (inoffiziellen) Wolkennamen definiert: Cumulus lokomotivogenitus = von (Dampf-)Lokomotiven erzeugter Cumulus.

Cumulus mediocris

Familie:	tiefe		
Gattung:	haufenförmig	Cumulus	Cu
Art:	mittelmäßig entwickelt	mediocris	med

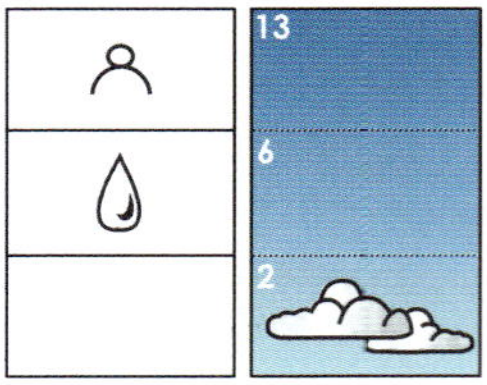

Unser Foto zeigt eine Ansammlung von Cumulus-Wolken, die annäherungsweise so breit wie hoch sind; nach der obigen Regel also **Cumulus mediocris**.
Wie schwer ist eigentlich eine Wolke? Dazu ein kleines Rechenexempel: Betrachten wir Wolken, wie sie auf Seite 99 zu sehen sind. Nehmen wir vereinfachend an, dass sie eine kreisrunde Basis mit 1000 m Durchmesser und eine halbkugelförmige Gestalt haben, also 500 m hoch sind. Dann lässt sich ihr Volumen (V) mit der Formel für den Inhalt einer Halbkugel berechnen:

$$V = \tfrac{1}{2} \times \tfrac{4}{3} \times \pi \times r^3.$$

Darin steht r für den Radius der Basisfläche, also 500 m. Für das Wolkenvolumen ergibt sich damit ein Wert von 262 Mio. m^3. Wolken der Art Cumulus mediocris enthalten etwa 1 g Wasser pro m^3 (Seite 34). Damit errechnet sich ein Wolkengewicht von etwas mehr als 250 t.

Das scheint auf den ersten Blick sehr viel. Doch stellen wir noch eine weitere Rechnung auf: Angenommen das gesamte Wasser der Wolke würde als Regen auf die 785 000 m^2 große Fläche unter der Wolke fallen und dort einen See bilden. Dann wäre dieser nur etwa $\tfrac{1}{3}$ mm tief. Aber immerhin müssten zum Verdunsten dieser Wassermenge etwa 170 000 kWh Sonnenwärme aufgewendet werden.

Cumulus mediocris

Familie:	tiefe		
Gattung:	haufenförmig	Cumulus	Cu
Art:	mittelmäßig entwickelt	mediocris	med

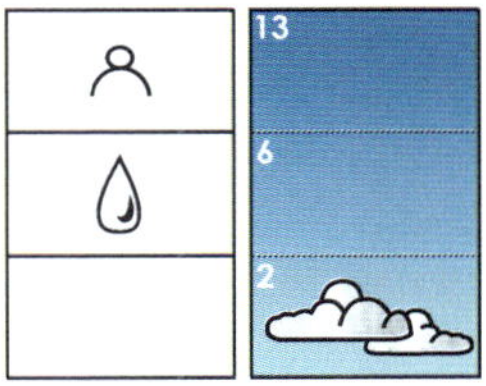

Mit welcher Wolkengattung wir es hier zu tun haben, ist klar: Cumulus! Sämtliche Kennzeichen sind lehrbuchmäßig ausgebildet: eine waagerechte, glatte, dunkle Untergrenze, scharfe Abgrenzungen an allen Seiten und eine gut ausgeprägte Blumenkohl-Struktur.

Auch die Bestimmung der Art fällt nicht schwer: Die Wolken sind etwa so hoch wie sie breit sind, damit kommt nur mediocris infrage.

Wir haben die Wolken also unter **Cumulus mediocris** einzuordnen.

Cumulus-Wolken haben normalerweise eine kürzere Lebensdauer als man gemeinhin glaubt. Je nach Mächtigkeit existieren sie meist nur 5–30 Minuten. Selbst mächtige Gewitterwolken bringen es nur selten auf mehr als eine Stunde. Dass manche Gewitter dennoch unter Umständen mehrere Stunden toben können, liegt daran, dass sich aus Gewitterwolken immer wieder neue Wolken bilden können, ehe sich die Mutterwolke aufzulösen beginnt.

Eine erheblich längere Lebensdauer haben allerdings die an der Spitze jeder Gewitterwolke anzutreffenden ambossförmigen Begleitwolken (**incus**), die ab Seite 125 vorgestellt werden. Oft sieht man am Morgen nach einer Gewitternacht ihre Reste noch als Cirren am Himmel stehen.

Prognose: siehe nächste Seite.

Cumulus mediocris

Familie:	tiefe		
Gattung:	haufenförmig	Cumulus	Cu
Art:	mittelmäßig entwickelt	mediocris	med

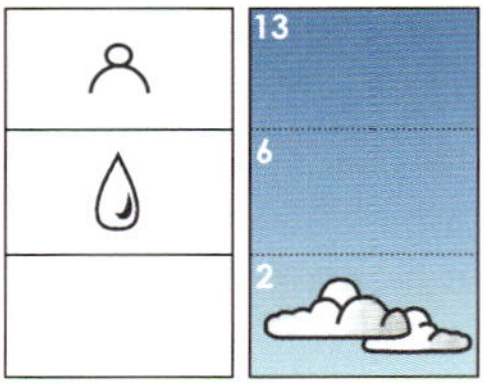

Auch hier haben wir es mit einer **Cumulus mediocris** zu tun. Die Art hier ist aber schwieriger zu bestimmen als auf dem Bild der vorigen Seite. Wir haben nämlich keine scharf voneinander getrennten Einzelwolken vor uns. Damit ist ein Vergleich der Wolkenhöhe mit der Wolkenbreite kaum möglich. Hier hilft nur die Schätzung der Wolkenhöhe. Sie dürfte um die 1000 m liegen und damit eine Einordnung in die Art mediocris rechtfertigen. Besonders bemerkenswert ist das durch das ganze Bild in konstanter Höhe verlaufende Kondensationsniveau.

Prognose: Wie bei den Cirrus-Wolken entscheidet auch bei den Cumulus-Wolken die weitere Entwicklung. Quellen am Himmel entstandene flache Cumulus-humilis-Wolken nur verhalten oder fallen sie im Lauf des Tages sogar wieder in sich zusammen, so kann man weiterhin mit anhaltend trockenem Wetter rechnen.

Wenn jedoch schon am frühen Vormittag Cumuli erscheinen, die sich sofort kraftvoll aufblähen und in die Höhe zu entwickeln beginnen, dann heißt es: wachsam sein! Oft bleiben sie aber zunächst noch flach und beginnen erst ab den Mittagsstunden richtig massiv zu quellen, wenn bei der Konvektion (Seite 11ff.) die volle Schubkraft einsetzt. Dann sind bald Schauer oder Gewitter zu erwarten.

Cumulus congestus

Familie:	tiefe		
Gattung:	haufenförmig	Cumulus	Cu
Art:	mächtig entwickelt	congestus	con

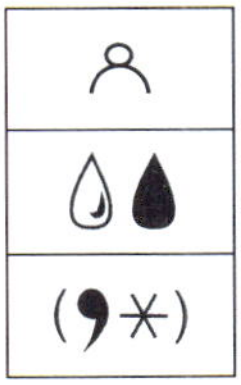

Bei dieser Wolke handelt es sich natürlich um einen Cumulus. Die Art lässt sich ohne viel Grübeln bestimmen. Zwar sieht man auf dem Bild die Wolkenuntergrenze nicht, sodass man auch das Verhältnis von Höhe zu Breite nicht abschätzen kann, doch der Gesamteindruck passt hier nicht mehr zum Bild einer bescheiden entwickelten Cumulus-mediocris-Wolke. Wir haben es in der Tat mit einem mächtig entwickelten Cumulus congestus zu tun: mehrere Tausend Meter hoch, kuppelförmig aufgewölbt und von einer ausgeprägten **Blumenkohl-Oberfläche** begrenzt.

Eine Viertelstunde später hatte sich diese Wolke zu einem außergewöhnlich eindrucksvollen Cumulonimbus ausgewachsen, Seite 129 zeigt sie auf dem Höhepunkt ihrer Entwicklung.

Prognose: Wenn sich ein Cumulus bis zu dieser Höhe emporgearbeitet hat und über sich einen Schirm zu entwickeln beginnt, dann schafft er auch den letzen Schritt hin zur Schauerwolke (Seite 125–131). Noch bildet er keinen Niederschlag: Das ist erst der Fall, wenn sein Oberteil eine glatte Struktur annimmt (Seite 131). Jedenfalls sollte man sorfältig beobachten, ob er sich nähert oder entfernt.

Ohne zu zögern wird man diese gleichermaßen mächtigen wie prächtigen Wolken unter **Cumulus congestus** einordnen. Die überall erkennbaren Blumenkohl-Strukturen zeigen, dass die Wolken nicht vereist sind und damit noch nicht in die Kategorie Cumulonimbus gehören. Lediglich die säulenartige Entwicklung ganz weit im Hintergrund deutet auf das Einsetzten von Vereisung hin.

Das ganze gigantische Ausmaß dieser Wolkenformation wird erst in der stereoskopischen Wiedergabe erkennbar. Das 3D-Bild vermittelt den Eindruck eines regelrechten **Wolkengebirges**.

Damit berühren wir ein generelles Problem bei der Wolkenfotografie. Wir sind es gewohnt, Wolken mit beiden Augen zu beobachten, wobei in unserem Kopf ein dreidimensionales Bild entsteht. Die zweidimensionalen, gedruckten Fotos dagegen vermitteln nur einen sehr verflachten Eindruck von der Tiefe des Raumes und der darin befindlichen Wolken. Ein gewöhnliches Papierbild wird in vielen Fällen selbst differenzierteste Wolken lediglich als „strukturlosen Brei“ wiedergeben können. Schließen Sie doch einfach einmal ein Auge und betrachten Sie damit das vorliegende Stereobild in „mono“. Sie werden sehen, dass damit die Schönheit und die vielfältige Struktur der Wolken auch nicht annähernd zu erkennen sind.

(Hinweise zum Betrachten der Stereobilder finden Sie auf Seite 42.)

Cumulus congestus

Cumulus congestus pileus

Familie:	tiefe		
Gattung:	haufenförmig	Cumulus	Cu
Art:	mächtig entwickelt	congestus	con
Begleitwolke:	pileus		

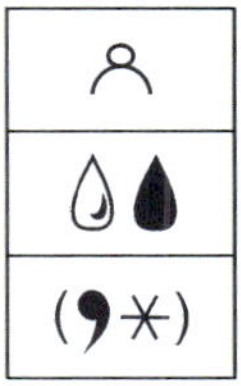

Diese Cumulus-congestus-Wolken zeigen eine Besonderheit. Beim genaueren Hinsehen lässt sich gut erkennen, dass sie auf ihren höchsten Stellen kleine, linsenförmige **Wolkenkäppchen** tragen. Besonders interessant ist die Cumulus-congestus-Kuppel ganz rechts, sie trägt sogar eine dreifache Kappe, bei der mittleren sind immerhin noch zwei übereinander angeordnete Wolkenkappen zu erkennen.

Unter welchen Bedingungen und auf welche Weise solche Wolkenkappen entstehen, ist auf Seite 20 erklärt.

Die Bezeichnung unserer Cumulus-congestus-Wolken wird deshalb um den Namen dieser Begleitwolke – er lautet „pileus“ – erweitert: **Cumulus congestus pileus**. Für die Entstehung von Pileus-Wolken ist ein nicht unerheblicher konvektiver Schub von den unteren Atmosphärenschichten her erforderlich. Einen entsprechenden Auftrieb ermöglichen aber nur die mächtig entwickelten Cumulus-congestus- und Cumulonimbus-Wolken. Deshalb findet man nur über ihnen solche putzigen Häubchen-Wolken.

Prognose: Wegen der günstigen Voraussetzungen für Quellungsvorgänge sind Schauer und Gewitter zu erwarten.

Cumulus congestus pileus

Familie:	tiefe		
Gattung:	haufenförmig	Cumulus	Cu
Art:	mächtig entwickelt	congestus	con
Begleitwolke:	pileus		

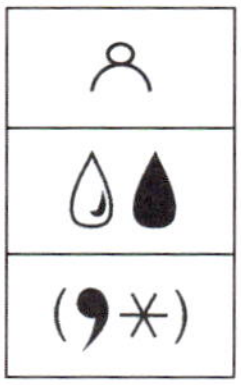

Pileus-Häubchen sind exquisite Phänomene, so schön ausgebildete wie auf dem Foto auf Seite 109 findet man nur sehr selten. Viel häufiger zeigen sie sich als waagerecht ausgespannte Wolkenschleier über den Spitzen kräftig quellender Cumulus-Wolken. Früher oder später verschwinden sie spurlos im aufbrodelnden Gewölk.

Solche Pileus-Formen zeigt auch das Bild auf dieser Seite.

Der vollständige Name der dort gezeigten Wolke ist **Cumulus congestus pileus**.

Wie man sieht, besitzt der Pileus-Schleier über der hier gezeigten Cumulus-congestus-Wolke eine ganz andere Struktur als die Wolke selbst. Sie ist dünn, durchsichtig und faserig. Aufgrund dieser von den Cirrus-artigen Wolken her bekannten Merkmale (Seite 29ff.) dürfen wir annehmen, dass sie aus feinen Eiskriställchen besteht. Auch dem Cumulus congestus kann man ansehen, dass er in den oberen Regionen zu vereisen beginnt (Seite 131).

Prognose: siehe Seite 109.

Cumulus fractus

Familie:	tiefe		
Gattung:	haufenförmig	Cumulus	Cu
Art:	zerrissen	fractus	fra

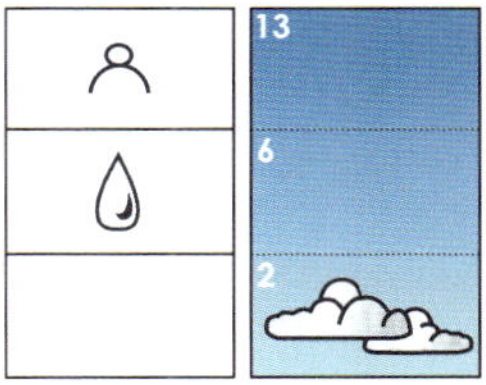

Heftiger Wind zerrt an den Cumulus-Wolken und zerreißt, zerrupft oder zerfetzt sie. Solche Wolken zählen zur Art **Cumulus fractus**. Diese Bezeichnung leitet sich vom lateinischen Wort *frangere* ab, das zerbrechen oder zermalmen bedeutet.

Im vorliegenden Fall ist es gewöhnlicher, starker Wind, der zur Ausbildung von Fractus-Wolken geführt hat. Aber auch Leewirbel, die sich an scharfen Felsgraten ausbilden und die eine heftige Böigkeit hervorrufen, oder jede andere Art von böigen Winden – insbesondere geländebedingten – kann dazu führen, dass Cumulus-Wolken zu Cumulus fractus zerrissen werden.

Fractus-ähnliche Wolken- oder Nebelfetzen kann man auch häufig nach kühlenden Regenfällen auf den erhitzten Erdboden, auf Hausdächer, Straßen, Autos oder auch Wälder beobachten. Man hat dann den Eindruck, als würde über dem Gelände „Dampf" aufsteigen, ähnlich wie über einer Tasse mit heißem Kaffee. Ihre Entstehung verdanken diese meist nur kleinen Wölkchen der Verdunstung von Regenwasser auf den warmen Oberflächen.

Prognose: Da der Wind die Wolken auseinanderreißt und zerfetzt, werden Quellungsvorgänge erschwert, die eine Voraussetzung für die Niederschlagsbildung wären – es bleibt eher trocken.

Stratocumulus stratiformis

Familie:	tiefe	
Gattung:	haufenförmig	Stratocumulus Sc

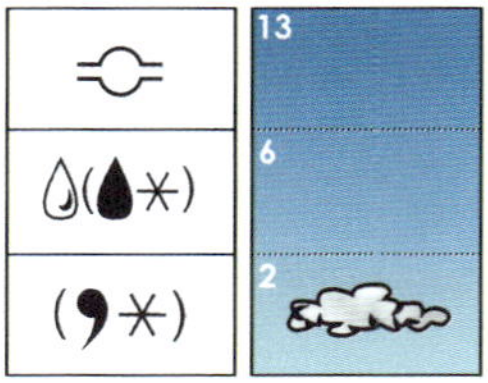

Hier sehen wir grob-schollig über den Himmel verteilte Haufenwolken, die sich im unteren Wolkenstockwerk aufhalten. Ihr Erscheinungsbild, nebelähnliche Haufen ohne Kontur, ohne erkennbares Kondensationsniveau, ohne (blumenkohlähnliche) Quellungen, ermöglicht eine problemlose Eingruppierung in die Gattung **Stratocumulus**.

Stratocumulus sieht manchmal Altocumulus-Wolken (Seite 77) recht ähnlich. Sicheres Unterscheidungsmerkmal ist neben der Höhe (die auf einem Foto allerdings nur sehr schwer zu beurteilen ist) insbesondere die Größe. Sie muss bei Stratocumulus mehr als 5 Grad betragen (5 Grad ist die scheinbare Breite von drei Fingern bei ausgestrecktem Arm). Zeigen sich bei der fraglichen Wolke faserige Strukturen, die auf Eiskristalle hindeuten, so ist sie normalerweise unter Altocumulus einzuordnen, denn Stratocumulus enthält nur in sehr seltenen Fällen Eiskristalle.

Stratocumulus stratiformis perlucidus

Familie:	tiefe		
Gattung:	haufenförmig	Stratocumulus	Sc
Art:	flächig verteilt	stratiformis	str
Unterart:	dazwischen Himmel erkennbar	perlucidus	pe

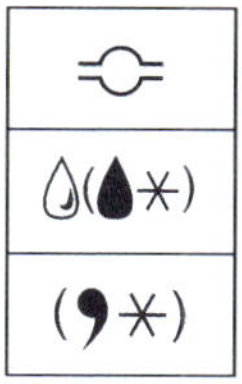

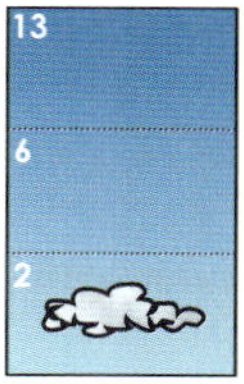

Hier haben wir flächig angeordnete Haufenwolken aus dem unteren Wolkenstockwerk vor uns. Nach Form und Struktur – es gibt keine scharfen Ränder, keine glatte Untergrenze und keine Quellungen – handelt es sich um Stratocumulus. Die Anordnung zu einem weitläufigen Wolkenfeld spricht für die Art stratiformis und die Tatsache, dass zwischen den Wolkenschollen der Himmel gut erkennbar ist, für die Unterart perlucidus. Wir geben also der Wolke die Bezeichnung **Stratocumulus stratiformis perlucidus**.

Aus Stratocumulus fällt manchmal feiner Nieselregen oder im Winter auch Schnee. Gerade für Schneefall reichen schon sehr flache Wolken aus. Man hat bereits aus nur 100 m mächtigen Wolken Schneefall beobachtet.

Liegt eine Industrieanlage mit hohem Ausstoß an Wasserdampf und Kondensationskernen (Seite 8) bei Temperaturen wenig unter 0 °C unter einer kräftigen Inversion (Seite 22) mit hoher Luftfeuchte, dann kann der ausgestoßene Wasserdampf zu einer künstlichen Stratus-artigen Wolke kondensieren. Gelegentlich bildet sich in einer solchen Wolkenschicht Schnee, der ausfällt und dadurch eine Schneedecke von über 10 cm Mächtigkeit entstehen lassen kann. Man spricht dann von **Industrieschnee**.

Stratocumulus stratiformis undulatus

Familie:	tiefe		
Gattung:	haufenförmig	Stratocumulus	Sc
Art:	flächig verteilt	stratiformis	str
Unterart:	wellenförmig	undulatus	un

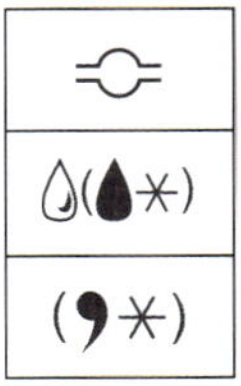

Diese im Licht der untergehenden Sonne erglühende, flächenhaft angeordnete Bewölkung schwebt im unteren Wolkenstockwerk. Sie trägt alle Kennzeichen von Stratocumulus stratiformis. Die einzelnen walzenförmigen Wolken sind in einer langen Folge wie die Wellen auf einem See angeordnet. Wir müssen sie deshalb in die Unterart undulatus einordnen. Damit lautet der komplette Name der Wolke: **Stratocumulus stratiformis undulatus**.

Stratocumulus muss nicht zwingend durch die Turbulenz der Luft entstehen. Ein anderer Bildungsprozess geht von Altocumulus-Wolken aus, die kräftig wachsen, dabei voluminöser und mächtiger werden und sich gleichzeitig nach unten entwickeln. Solche Vorgänge spielen sich – darauf wurde schon öfter hingewiesen – bei Aufgleitvorgängen ab.

Prognose: Mächtige Altocumuli lassen stets den Verdacht auf solche Aufgleitvorgänge zu. Bestätigt er sich, muss mit der damit einhergehenden Wetterverschlechterung gerechnet werden.

Stratocumulus stratiformis undulatus

Familie:	tiefe		
Gattung:	haufenförmig	Stratocumulus	Sc
Art:	flächig verteilt	stratiformis	str
Unterart:	wellenförmig	undulatus	un

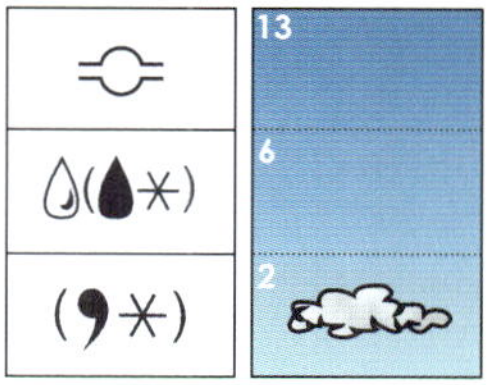

Wie auf der Seite gegenüber haben wir es auch hier mit **Stratocumulus stratiformis undulatus** zu tun. Allerdings sind hier die Wolken nicht so mächtig und damit erscheinen die Abstände zwischen den einzelnen Wolkenwalzen größer. Ihre parallele Anordnung über eine weite Himmelsfläche lässt ein streng geometrisches Himmelsbild entstehen.

Wellenförmige Wolken, also solche der Unterart undulatus bilden sich, wenn kalte Luft von warmer Luft mit einer anderen Geschwindigkeit als der eigenen überströmt wird (Seite 20). Die Meteorologen sprechen dann von einem Temperatursprung (ΔT) bzw. von einem Windsprung (Δv). Auf dem Niveau der Altocumulus-Wolken gelten für die **Abstände von Wellenberg zu Wellenberg (Wellenlänge)** unter bestimmten Voraussetzungen folgende Näherungswerte (in m):

Temperatursprung	Geschwindigkeits-Sprung		
	10 km/h	50 km/h	70 km/h
2°C	150 m	2300 m	3300 m
6°C	60 m	1800 m	2900 m
10°C	35 m	1400 m	2400 m

Es zeigt sich, dass die Wellenlängen mit wachsendem Windsprung länger, mit wachsendem Temperatursprung dagegen kürzer werden.

Stratocumulus stratiformis undulatus translucidus

Familie:	tiefe		
Gattung:	haufenförmig	Stratocumulus	Sc
Art:	flächig angeordnet	stratiformis	str
Unterart:	wellenförmig	undulatus	un
Unterart:	durchscheinend	tranlucidus	tr

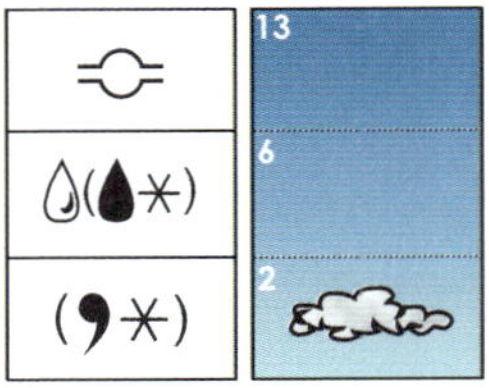

Dass es sich bei dieser Wolke um eine typische Vertreterin der Gattung Stratocumulus handelt, ist unbestreitbar. Da sie einen großen Teil des Himmels überspannt, gehört sie zur Art stratiformis und die Wellenstruktur weist auf die Unterart undulatus hin. Hinter der zweiten Wolkenwoge (von oben her gezählt) ist die Position der Sonne am Himmel gut zu erkennen, deshalb ist auch die Einordnung in die Unterart translucidus gerechtfertigt. Die komplette Bezeichnung lautet also **Stratocumulus stratiformis undulatus translucidus**.

Progose: Auch für sie gilt, was auf Seite 16 und auch bei mittelhohen wellenförmigen Wolken immer wieder gesagt wurde: Undulatus-Formen lassen stets Aufgleitvorgänge vermuten und diese wiederum weisen auf eine bevorstehende Wetterverschlechterung hin.

Wie auch schon bei den mittelhohen Wolken mehrfach praktiziert, wurde auch dieses Foto wieder stark unterbelichtet. Es handelt sich also nicht, wie man auf den ersten Blick meinen könnte, um eine romantische Vollmondstimmung. Das Bild wurde bei hellem Tageslicht aufgenommen. Bei normaler Belichtung wären aber die Wolken in dieser Gegenlichtsituation so hell wiedergegeben worden, dass ihre Strukturen kaum bis gar nicht mehr zu erkennen gewesen wären.

Stratocumulus lenticularis

Familie:	tiefe		
Gattung:	haufenförmig	Stratocumulus	Sc
Art:	linsenförmig	lenticularis	len
Unterart:	geschichtet	duplicatus	du

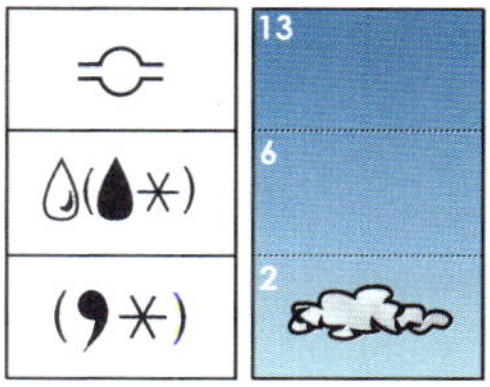

Wie bereits erwähnt wurde, ist Stratocumulus oftmals nur schwer von Altocumulus zu unterscheiden. Hier haben wir ein typisches Beispiel. Auf dem Bild könnte auch eine Moazagotl-Wolke (Seite 91), also ein mehrfach geschichteter Altocumulus lenticularis, abgebildet sein. Zum Glück erkennt man gut, dass sich die hier gezeigte Wolke im unteren Stockwerk aufhält, und auch die größere Mächtigkeit würde – hätte man keine ausreichende Information über die Höhe – für Stratocumulus sprechen.

Wegen der typischen Form und Struktur dieser Wolke fällt die Einordnung in unsere Klassifikation nicht schwer: **Stratocumulus lenticularis duplicatus**. Die Entstehungsweise solcher Wolkenformen ist die gleiche wie bei den Lenticularis-Wolken im mittleren Stockwerk (Seite 37).

Prognose: Es ist ein Wetterablauf vergleichbar mit dem bei Föhn zu erwarten (Seite 161).

Stratocumulus stratiformis perlucidus

Familie:	tiefe		
Gattung:	haufenförmig	Stratocumulus	Sc
Art:	flächig verteilt	stratiformis	str
Unterart:	dazwischen Himmel erkennbar	perlucidus	pe

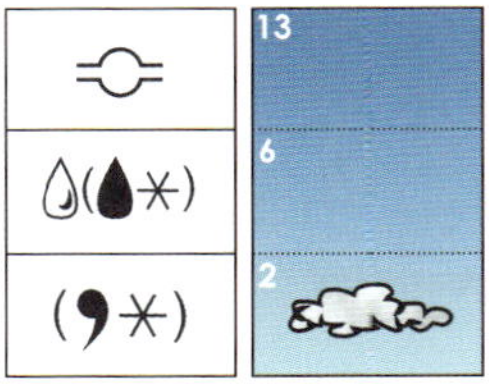

Wolken, so wurde auf Seite 24 gesagt, existieren stets im Spannungsfeld zwischen Wachstum und Auflösung. Während der Wasserdampf, der aus tieferen Schichten zugeführt wird, das Wachsen einer Wolke fördert, führt die seitlich in eine Wolke einfließende, trockene Umgebungsluft (Entrainment) zur Verdunstung der Wassertröpfchen (bzw. der Eiskriställchen) und hemmt damit die Wolkenentwicklung. Tagsüber, wenn eine kräftige Konvektion (Seite 12) für ständigen Feuchtigkeitsnachschub sorgt, wachsen die Wolken. Lässt aber zum Abend hin die Sonnenwärme nach, dann überwiegen die abbauenden Prozesse. Die Wolken fallen in sich zusammen, aus mächtigen Quellungen werden flache Wolkenbänke und schließlich verschwinden sie vollends.

Solche abendlichen Wolkenformen sehen wir hier. Noch am Nachmittag waren das mächtige Cumuli. Rechts im Hintergrund stehen noch einige, die ihre ursprüngliche Höhe erahnen lassen. Weil die Wolken flächig verteilt sind und zwischen ihnen der Himmel durchschaut, heißen sie **Altocumulus stratiformis perlucidus**. In älteren Büchern findet man für diese Art von Wolken noch die Bezeichnung Cumulus vesperalis (= abendlicher Cumulus), ein ansprechender Name, aber keine offizielle Bezeichnung.

Stratus nebulosus opacus

Familie:	tiefe		
Gattung:	schichtförmig	Stratus	St
Art:	nebelartig	nebulosus	neb
Unterart:	undurchsichtig	opacus	op

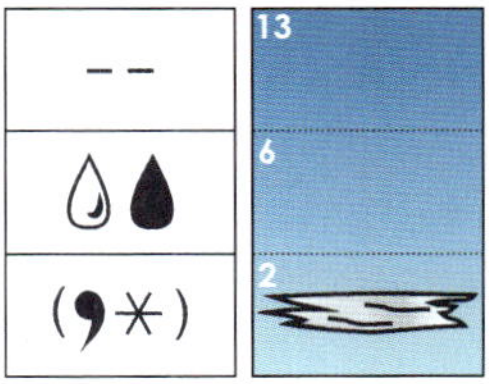

Nebel kann viele Ursachen haben: Abkühlung der Luft am Erdboden im Laufe der Nacht, Kontakt mit einer dünnen, kalten, auf dem Boden aufliegenden Luftschicht oder großflächiges Absinken einer Luftschicht. Im Herbst und Winter sind die beiden zuletzt genannten die häufigsten Nebelursachen. Oft dauert es nur Stunden, bis ein gerade erst entstandener Nebel sich „zu heben" beginnt. In Wirklichkeit ist das allerdings keine echte Hebung; tatsächlich wird die Luft vom Boden her erwärmt, sodass sich der Nebel in einer dünnen bodennahen Schicht auflöst oder wenigstens lichtet. Man spricht dann von **Hochnebel**, einer einförmigen, grauen, mehr oder weniger dunklen Wolkenschicht. In der Wolkenklassifikation wird Hochnebel der Gattung Stratus zugeordnet.

Das Bild zeigt einen Hochnebel mit einer Untergrenze von noch nicht einmal 200 m über Grund – der Schornstein, dessen Spitze bereits darin verschwindet, ist nur 220 m hoch! Welchen Namen geben wir dieser Stratus-Wolke? Die Art ist leicht zu bestimmen: Als Hochnebel erhält sie die Bezeichnung nebulosus. Da die Wolke für das Licht der Sonne völlig undurchlässig ist, trifft auf sie als Unterart opacus zu. Ihr Name lautet damit: **Stratus nebulosus opacus**.

Prognose: siehe Seite 122.

Stratus nebulosus opacus

Familie:	tiefe		
Gattung:	schichtförmig	Stratus	St
Art:	undurchsichtig	opacus	op

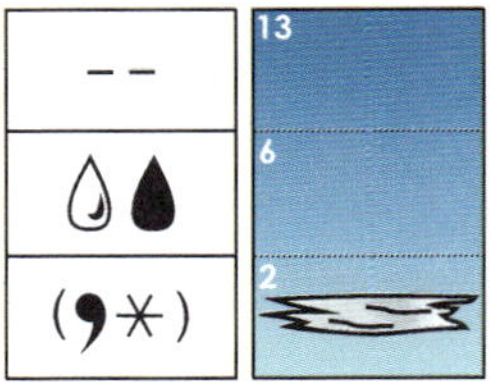

So sieht ein **Stratus nebulosus opacus** von oben gesehen aus. Dieser Talnebel ist sehr wahrscheinlich durch Absinken einer Luftschicht aus größeren Höhen entstanden (Inversionsbildung). Möglich wäre zwar auch, dass hier kalte Luft von den teilweise noch scheebedeckten Bergen in die Täler geglitten ist und sich dort als Kaltluftsee angesammelt hat, das ist aber eher unwahrscheinlich, dafür ist der Nebel zu mächtig.

Einem Beobachter auf dem Talgrund wird sich dieser Stratus ähnlich präsentieren wie auf dem Bild von Seite 119: als eine einförmige, graue, mehr oder weniger dunkle Wolkenschicht. In einer Inversion nimmt die Temperatur mit der Höhe zu (Seite 22, 25). Für Laien ist das manchmal nur schwer nachzuvollziehen, deshalb hier ein Beispiel mit Messwerten vom 15. Januar 1997 um 7 Uhr. Eine ähnliche Situation hat auch hier vorgelegen.

Station	**Höhe (in m ü. NN)**	**Temperatur**
München	447	−13,0 °C
Garmisch	720	−9,1 °C
Hohenpeißenberg	977	+8,6 °C
Großer Arber	1446	+7,2 °C
Wendelstein	1835	+6,8 °C
Zugspitze	2962	+0,4 °C

Stratus nebulosus opacus

Familie:	tiefe		
Gattung:	schichtförmig	Stratus	St
Art:	nebelartig	nebulosus	neb
Unterart:	undurchsichtig	opacus	op

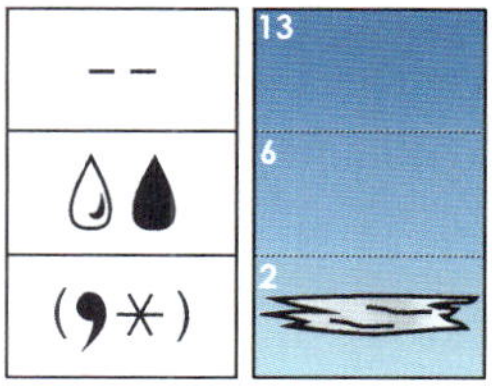

Vor der schon tief stehenden Sonne sehen wir eine mächtige Nebelwand mit einem scharfen Rand, an dem die Sonne – wenn auch zweigeteilt – ein letztes Mal zu erkennen ist, bevor sie im undurchdringlichen Grau verschwindet. Weiter in der Ferne ist auch der vom Sonnenuntergang rotgelb gefärbte Himmel nicht mehr zu sehen. Würden wir in diesen Nebel hineinfahren, so beobachteten wir über uns nur noch eine einheitlich graue, unstrukturierte Wolkenmasse, die wir Stratus nebulosus nennen.

Da wir durch die Wolken hindurch weder Sonne noch Himmel erkennen könnten, müssen wir sie in die Unterart opacus eingruppieren. Somit ist die Wolke als **Stratus nebulosus opacus** zu bezeichnen.

Prognose: Stratus kann vom Boden aus beobachtet so dunkel erscheinen, dass man ihn nicht mehr von einem Nimbostratus (Seite 139, 140) unterscheiden kann. Zwar kann aus beiden Niederschlag fallen, aber nur der Nimbostratus liefert einen typischen Regen- oder Schneefall. Der Stratus dagegen bringt nur Nebelnässen oder Niesel, also sehr kleintropfigen Regen bzw. winzige Schneekriställchen oder Schneegriesel hervor (Seite 34, 35).

Stratus nebulosus translucidus

Familie:	tiefe		
Gattung:	schichtförmig	Stratus	St
Art:	nebelartig	nebulosus	neb
Unterart:	durchsichtig	translucidus	tr

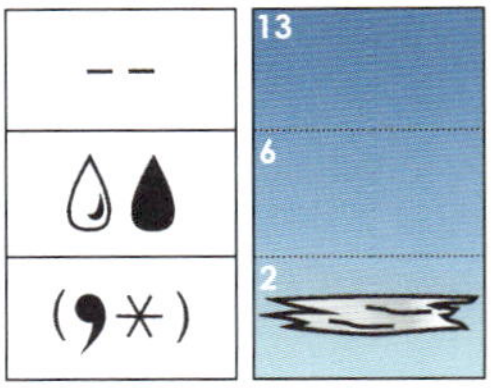

Stratus-Wolken sind für den Beobachter am Boden normalerweise grau, trist und langweilig. Man mag sie eigentlich gar nicht fotografieren!

Ganz anders dieser hauchdünne **Stratus nebulosus**, den man guten Gewissens auch als gewöhnlichen Morgennebel bezeichnen könnte.

Er ist vor der gerade aufgehenden Sonne eben noch als feiner, fast strukturloser Schleier erkennbar.

Besonders interessant daran ist, dass die Sonne durch diesen Stratus hindurch einen messerscharfen Rand zeigt. Das ist nur bei Wolken der Fall, die keine Eiskristalle enthalten. Besteht eine Wolke ganz oder teilweise aus Eis, so erscheint die Sonne als ausgefranster, zerrupfter Lichtfleck. Auf Seite 95 ist uns ein Beispiel dafür begegnet.

Prognose: Wenn sich eine solche als Morgennebel oder auch als Hochnebel bezeichnete Wolkenschicht aufzuhellen beginnt oder sogar die Sonne durchbricht, steht einer vollständigen Wolkenauflösung nichts mehr im Wege. Man darf dann einen sonnigen und oft warmen Tag erwarten. Das soll aber nicht heißen, dass sich in einer folgenden klaren Nacht nicht erneut Nebel bilden kann. Im Herbst und im Winter löst sich die Wolkenschicht oft nur sehr zögerlich oder gar nicht auf; es kann sogar Sprühregen oder Schneegriesel herausfallen.

Stratus nebulosus opacus

Familie:	tiefe		
Gattung:	schichtförmig	Stratus	St
Art:	nebelartig	nebulosus	neb
Unterart:	undurchsichtig	opacus	op

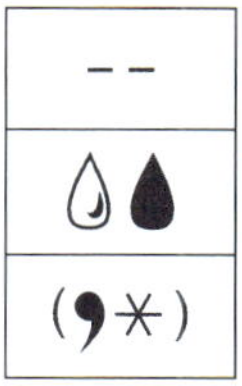

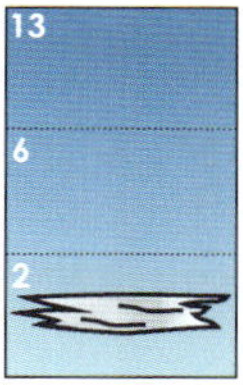

Neujahr auf der Zugspitze – ein fotografischer Leckerbissen (von Manfred Kristen)!

Ende Dezember 1990 hatte sich in den Alpen und im bayerischen Alpenvorland eine mächtige Inversion (Seite 22) entwickelt. Vergleiche mit den umgebenden Bergen lassen auf eine Obergrenze nahe 1600 m schließen. In ihr war eine durchgehende Hochnebelschicht (**Stratus nebulosus**) entstanden.

Beim Neujahrsfeuerwerk in der Silvesternacht wurde diese Nebelschicht von innen durch unzählige Raketen und Feuerwerkskörper erleuchtet und in allen Farben illuminiert. Dadurch kam es zu einem fast magisch wirkenden Lichtspektakel, das bis weit ins Voralpenland zu verfolgen war. Der mächtige Lichtschein am Horizont, der sich über mehr als die linke Hälfte des Bildes erstreckt, stammt vom etwa 80 km entfernten München.

Natürlich spielt auch hier die Lichtstreuung eine wesentliche Rolle. Man kann teilweise im Inneren des Nebels sogar einzelne „Lichtbälle" erkennen, die zeigen, wie weit die Streuwirkung an den Nebelteilchen reicht. Was es mit der Lichtstreuung auf sich hat, ist auf Seite 8 beschrieben.

Das Foto wurde vom Beobachter an der Wetterstation Zugspitze aufgenommen.

Stockwerkübergreifende Wolken

Bei der Familie der stockwerkübergreifenden Wolken weichen wir etwas von der internationalen Klassifikation ab (Seite 98). Wir zählen nur diejenigen Wolkengattungen dazu, deren Untergrenze im unteren Stockwerk liegt und die sich in jedem Fall bis weit in das mittlere Stockwerk hinauf erstrecken.

Dieser Definition entsprechen üblicherweise nur zwei Gattungen: Cumulonimbus, das Ergebnis heftiger Konvektion (Seite 12), und Nimbostratus, das Endprodukt eines lang anhaltenden Aufgleitvorgangs (Seite 16).

Über dem Beobachter stehend wirken beide wegen ihrer mächtigen Höhe normalerweise als dunkle, bis ins Schwarze gehende, nur wenig strukturierte Wolkenmassen. Sie können das Licht der Sonne bis unter 15 % dämpfen. Beim Nimbostratus gehören anhaltende gleichmäßige Niederschläge, beim Cumulonimbus dagegen heftige Schauer in Form von Regen, Schnee, Graupel oder Hagel zum Erscheinungsbild – ja sind laut Definition sogar Voraussetzung.

Betrachtet man jedoch Cumulonimbus-Wolken aus der Ferne – bei Nimbostratus ist das leider kaum möglich – so bekommt man mit das Beeindruckendste zu sehen, was der Wolkenhimmel zu bieten hat. Die folgenden Seiten zeigen entsprechende Beispiele.

Von unten betrachtet präsentieren sich stockwerkübergreifende Wolken nur als dunkle Wolkenmasse.

Cumulonimbus capillatus incus

Familie:	stockwerkübergreifende		
Gattung:	haufenförmig	Cumulonimbus	Cb
Art:	haarig	capillatus	cap
Begleitwolke:	Amboss	incus	inc

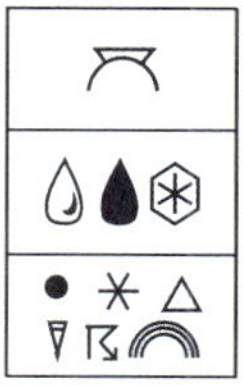

Ein Cumulonimbus unterscheidet sich von einem mächtigen Cumulus congestus (Seite 107) im Wesentlichen dadurch, dass bei ihm der obere Teil vereist ist. Er enthält also feste Eiskristalle, während der Cumulus congestus ausschließlich aus flüssigen Tröpfchen besteht.

Erst das gleichzeitige Vorhandensein von flüssigen (unterkühlten) Tröpfchen (Seite 8) und Eiskristallen ermöglicht die Entstehung von Niederschlägen. Diese wiederum sind Voraussetzung dafür, dass eine Wolke als Cumulonimbus bezeichnet werden darf (Seite 35).

Bei dem hier gezeigten Cumulonimbus ist der vereiste Teil als weit ausladender Schirm mit faseriger Struktur gut von der Tröpfchen enthaltenden „Blumenkohl-Kuppel“ darunter zu unterscheiden. Wegen ihrer faserigen Struktur gehört die Wolke zur Art capillatus (lat. *capillatus* = haarig).

Würde man dieses Wolkengebilde aus größerer Entfernung betrachten (siehe nächste Seite), so würde der Eisschirm die Silhouette eines Ambosses annehmen. Deshalb werden solche begleitenden Wolkenformen nach dem lateinischen Wort für Amboss als incus bezeichnet.

Unsere Wolke erhält damit den Namen **Cumulonimbus capillatus incus**.

Prognose: siehe Seite 128.

Cumulonimbus capillatus incus

Familie:	stockwerkübergreifende		
Gattung:	haufenförmig	Cumulonimbus	Cb
Art:	haarig	capillatus	cap
Begleitwolke:	Amboss	incus	inc

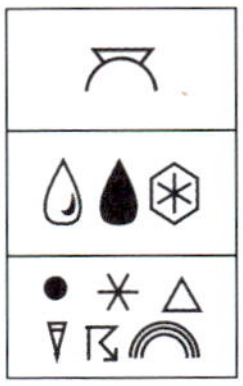

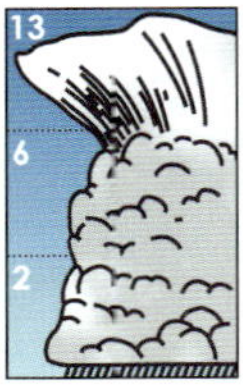

Dieses Bild zeigt, wie sich eine Cumulonimbus-Wolke aus größerer Entfernung vom Flugzeug aus präsentiert. Deutlich ist die ambossförmige Silhouette des Eisschirmes erkennbar, der die Wolke zu einem **Cumulonimbus capillatus incus** macht.

Noch ein weiteres interessantes Phänomen ist zu sehen. Der Amboss hat eine glatte, beinahe messerscharfe Obergrenze. Sie kommt dadurch zustande, dass in dieser Höhe die Vertikalentwicklung der Wolke von der Tropopausen-Inversion (Seite 22) wie von einem Plavond abrupt gestoppt wird. Die von unten her nachdrängende Luft wird dadurch gezwungen, nach der Seite auszuweichen – und dabei die Form des Ambosses anzunehmen! Und dennoch zeigt sich etwa in der Mitte des Ambosses deutlich eine nach oben, in die Inversion hinein, gerichtete Wolkenkuppel. An dieser Stelle erreichen die Aufwinde in der Wolke ihre größte Stoßkraft. Vertikalgeschwindigkeiten von über 100 km/h sind keine Seltenheit, es wurden sogar schon bis zu 250 km/h gemessen. Damit wird es ihnen möglich, wenigstens ein Stück weit – hier mögen es an die 1000 m sein – in die Inversion einzudringen. Bei so heftigen Aufwinden kommt es häufig zu Hagel, deswegen nennt man diese Kuppel gerne **„Hagelspitze"**.

Prognose: siehe Seite 128.

Nächtlicher Cumulonimbus mit heftigen Blitzentladungen

In Cumulonimbus-Wolken entwickeln sich häufig schwere Gewitter mit Hagel und Sturmböen.

Das Hagelunwetter, das am 12. Juli 1984 das Stadtgebiet von München und seine Umgebung heimgesucht hat, gehört sicher nicht zu den gewöhnlichen Wetterereignissen. Es hat nicht nur Wetter-, sondern auch Versicherungsgeschichte geschrieben.

Kurz vor 20 Uhr erreichte es an diesem denkwürdigen Tag von Südwesten kommend den Stadtrand von München. Über der vom Tag erhitzten Stadt – am Nachmittag war das Quecksilber auf nahezu 30 °C gestiegen – entwickelte sich der Hagelsturm dann zu einer Unwetterkatastrophe größten Ausmaßes. Die auf Orkanstärke angewachsenen Aufwinde ließen Hagelkörner mit 5–6 cm Durchmesser entstehen. Das größte dokumentierte Hagelkorn dieses Unwetters hatte einen Durchmesser von 9,5 cm und wog 300 g. Seine Aufschlagsgeschwindigkeit dürfte über 200 km/h betragen haben. Es wurde sogar glaubhaft von einem Hagelkorn mit 14 cm Durchmesser und 800 g Gewicht berichtet.

Begleitet wurde das **Münchener Hagelunwetter** von intensiven Regengüssen mit bis zu 30 l/m^2 und Sturmböen bis zu Stärke 10 – das entspricht über 100 km/h. Teilweise lagen die Hagelschlossen (Hagelkörner) auf den Straßen 20 cm hoch. Noch am nächsten Morgen konnte man in den Rinnsteinen Reste von ihnen finden.

Zahllose Glasscheiben, selbst Sicherheitsgläser, wurden beim Münchener Hagelunwetter zertrümmert. Die Eindeckungen von Gewächshäusern wurden so zersplittert, dass das Pflanzen-Erde-Glas-Konglomerat komplett entfernt und die Beete mit frischer Erde aufgefüllt werden mussten. In den Wäldern lagen die abgeschlagenen Jahrestriebe der Nadelbäume als knöcheltiefer Teppich. An etwa 70 000 Gebäuden wurden

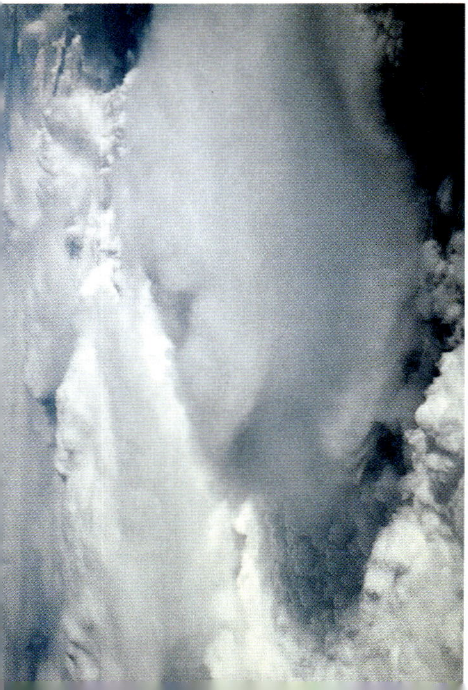

Dächer, Fenster, Jalousien, Fassadenverkleidungen, Reklameschilder, Antennen und alles was nicht absolut bruchfest war, zerschlagen, abgerissen oder beschädigt. An die 240 000 Autos erlitten Schäden, die von leichten Dellen bis zu zentimetertiefen Kratern an Dächern und Motorhauben reichten. Nach der Schreckensnacht sprach man humorvoll vom „Münchener Hageldesign". Insgesamt hat das Unwetter einen Schaden von über 1,5 Mrd. € angerichtet.

Das Stereobild auf dieser Seite zeigt, wie mächtig entwickelte Cumulonimbus-Wolken von oben aussehen. Die faserigen Eisstrukturen der Ambosse wirken aus dieser Perspektive fast wie Tischplatten, unter denen die blumenkohlartig strukturierten Teile der Wolke völlig verschwinden. Bei dem links hinten stehenden Cumulonimbus brechen allerdings aus der ebenen Oberseite zwei gewaltige „Hagelspitzen" hervor. (Hinweise zum Betrachten der Stereobilder finden Sie auf Seite 42.)

Prognose (zu Seite 125, 126 und 129): Bevor Sie sich klarzumachen versuchen, welches Wetter eine solche Wolke ankündigt, sollten Sie erst einmal ihre Form und Mächtigkeit auf sich wirken lassen. Cumulonimbus gehört zu den eindrucksvollsten Phänomenen, die der Himmel über uns anzubieten hat.

Dann sollten sie auf seine Obergrenze achten. Besitzt sie die bekannte Blumenkohl-Struktur, wie auf Seite 107, dann hat sie noch keinen Niederschlag gebildet. Entwickelt sich jedoch ein faseriger, sich immer weiter ausbreitender Hut, so ist bald ein heftiger Regen-, Schnee- oder Hagelschauer, vielleicht sogar mit Gewitter zu erwarten.

Cumulonimbus-Wolken von oben gesehen

Cumulonimbus capillatus incus

Familie:	stockwerkübergreifende		
Gattung:	haufenförmig	Cumulonimbus	Cb
Art:	haarig	capillatus	cap
Begleitwolke:	Amboss	incus	inc

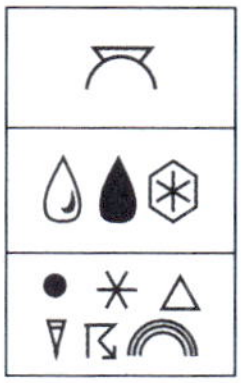

Normalerweise hat der Amboss über einer Cumulonimbus-Wolke eine unsymmetrische Form: auf der einen Seite ausladender als auf der entgegengesetzten Seite. Der Grund dafür ist, dass der Amboss vom Wind strömungsabwärts verblasen wird.

Der **Cumulonimbus capillatus incus** auf diesem Bild dagegen hat die Form eines rundum gleichförmigen gigantischen Pilzes angenommen. Über einer verhältnismäßig schmalen blumenkohlartigen Kuppel breitet sich ein riesiger vereister Hut aus. Solche Wolkenformationen bilden sich nur bei windarmen Situationen und zählen daher zu den Raritäten am Wetterhimmel.

Man sieht dieser Wolke deutlich an, wie die Tropopause ihre Vertikalentwicklung gestoppt hat und die aufquellenden Luftmassen dadurch gezwungen wurden, nach allen Seiten gleichmäßig auseinanderzudriften.

Übrigens kennen wir diese Wolke bereits von ihrer Jugendentwicklung. Das Bild auf Seite 107 zeigt sie, als sie noch eine Viertelstunde jünger war. Bereits in diesem Stadium konnte man die gewaltigen Entwicklungen, die in ihrem Inneren abliefen, deutlich erkennen.

Prognose: siehe Seite 128.

Entwicklung eines Cumulonimbus incus

Diese Bildfolge zeigt kurz gefasst den Entwicklungsweg zu einem Cumulonimbus incus. Die Bilder wurden in Abständen von etwa 10 Minuten aufgenommen.

Links oben sieht man über einem messerscharfen Kondensationsniveau eine breite Wolkenbank, aus der zwei mächtig entwickelte **Cumulus-congestus**-Wolken aufgequollen sind. An ihren durchgehenden Blumenkohl-Strukturen ist zu erkennen, dass sie bislang nur flüssiges Wasser und noch keine Eiskristalle enthalten. Sie spenden demnach auch noch keinen Regen.

Im Bild rechts oben weisen die glatten, faserigen Strukturen an der Oberseite auf einsetzende Vereisung hin. Damit hat die Wolke das Stadium Cumulonimbus erreicht. Da die vereisten Bereiche glatt sind, handelt es sich um **Cumulonimbus calvus**. Damit sind erste Niederschläge möglich, die aber noch nicht sehr intensiv sein dürften.

Unten links hat die Wolkenentwicklung die Tropopause erreicht. Die aufquellenden Luftmassen werden von der Tropopauseninversion gezwungen, seitlich horizontal auszuweichen, und zeigen damit eine deutliche **Ambossform**.

Auf dem rechten unteren Bild ist ein Amboss auf dem Höhepunkt seiner Entwicklung zu sehen. Jetzt fallen auch Schauer aus ihm heraus. Wegen der relativ hohen Wolkenuntergrenze dürften sie allerdings nicht allzu intensiv sein.

Zwischen dem ersten und dem letzen Bild sind etwa 30 Minuten vergangen. In dieser Zeit sind, wie man rechts im Bild sieht, noch einige weitere Cumuli entstanden, die gute Chancen haben, sich zu Cumulonimbus-Wolken weiterzuentwickeln.

Cumulonimbus calvus

Familie:	stockwerkübergreifende		
Gattung:	haufenförmig	Cumulonimbus	Cb
Art:	kahl	calvus	cal

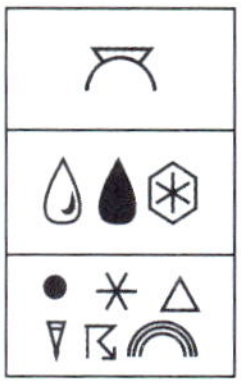

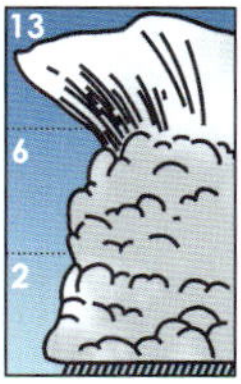

Im Lauf der Entwicklung einer Cumulus-Wolke zur Cumulonimbus-Wolke vollzieht sich ein wichtiger Vorgang: Die flüssigen Wassertröpfchen gefrieren zu Eiskriställchen. Man spricht kurz von „Vereisung“. Eiskriställchen sind die Voraussetzung zur Bildung von Regentropfen (vgl. Seite 24). Nach außen hin ist die Vereisung an der Änderung der Wolkenstruktur zu erkennen: Sie äußert sich darin, dass die „Blumenkohl-Struktur“ in eine mehr oder weniger glatte oder faserige Struktur übergeht. Es kann sich auch eine Cirrus-förmige Struktur (Seite 55, unechte Cirren) bilden, die aussieht wie der unfrisierte Struwwelpeter. Im ersten Fall spricht man von der Art calvus, was auf Deutsch kahl oder glatt bedeutet, im zweiten Fall von der Art capillatus. Capillatus bedeutet auf Deutsch haarig. Im vorliegenden Fall haben wir bei der Wolke im **Hintergrund** einen typischen **Cumulonimbus calvus** vor uns. Die Wolke im **Vordergrund** besteht, wie an ihrer **Blumenkohl-Struktur** leicht zu erkennen, aus Tröpfchen flüssigen Wassers. Auf dem Bild oben ist der Unterschied gut zu erkennen.

Prognose: Aufgrund der gegebenen Wetterbedingungen dürfte auch die Wolke im Vordergrund bald vereisen und damit Niederschlag bilden. Also: Regenschirm nicht vergessen!

Cumulonimbus capillatus praecipitatio virga

Familie:	stockwerkübergreifende		
Gattung:	haufenförmig	Cumulonimbus	Cb
Art:	haarig	capillatus	cap
Begleitwolken:	Fallstreifen	virga	vir
	Niederschlag	praecipitatio	pra

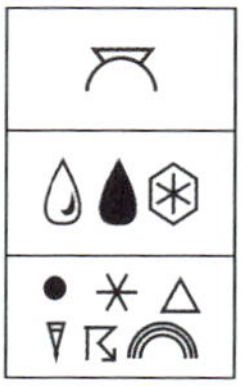

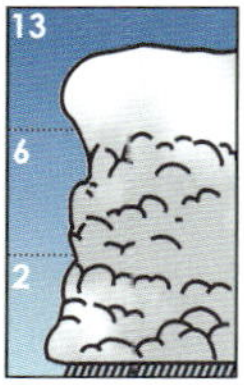

Wir haben hier einen Cumulonimbus capillatus vor uns. Da seine Obergrenze auf dem Foto nicht mehr zu sehen ist, müssen wir uns bei dieser Festlegung auf die unmittelbare Augenbeobachtung zum Zeitpunkt der Aufnahme stützen. Wichtiger als die Wolkenart sind hier jedoch die Begleitwolken.

Unter der Wolke ist fallender Niederschlag zu erkennen. Die hinter ihm untergehende Sonne lässt ihn in einem unwirklich erscheinenden Rot aufleuchten, das sich vom dunklen Blau der Wolkenmasse fast gespenstisch abhebt.

Teilweise reichen die Regenschlieren jedoch nicht bis zum Erdboden herunter – ein Zeichen dafür, dass die Tropfen bereits im Fallen verdunsten und deshalb den Boden nicht erreichen.

Niederschlag, der den Boden nicht erreicht, wird in der Wolkenklassifikation als Begleitwolke behandelt und hat den Namen **virga**. Die deutsche Bezeichnung lautet Fallstreifen. Normaler Niederschlag, der den Boden erreicht, wird ebenfalls als Begleitwolke behandelt und **praecipitatio** genannt. Da bei der hier abgebildeten Wolke beide vorhanden sind, führen wir auch beide auf: **Cumulonimbus capillatus praecipitatio virga**.

Prognose: Vorsicht! Man könnte vielleicht noch von einigen Tropfen erwischt werden.

Cumulonimbus virga

Familie:	stockwerkübergreifende		
Gattung:	haufenförmig	Cumulonimbus	Cb
Begleitwolke:	Fallstreifen	virga	vir

Ob diese Fallstreifen wirklich von den Resten einer sich zum Abend hin auflösenden Cumulonimbus-Wolke herunterhängen, kann nicht mit Sicherheit gesagt werden. Sie könnten auch aus mittelhoher Bewölkung stammen. Wie auch immer – wir haben hier eine sehr beeindruckende Szenerie vor uns und das rechtfertigt, sie hier vorzustellen. Sehr deutlich erkennt man, dass es sich um **echte Fallstreifen** handelt: Die einzelnen Fasern enden weit oberhalb des Erdbodens und zeigen damit an, dass der Regen den Boden nicht erreicht.
Prognose: Solche Fallstreifen lassen eher keinen Regen mehr erwarten.

Cumulonimbus arcus

Familie:	stockwerkübergreifende		
Gattung:	haufenförmig	Cumulonimbus	Cb
Begleitwolke:	Böenwalze	arcus	arc

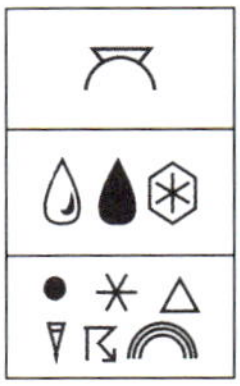

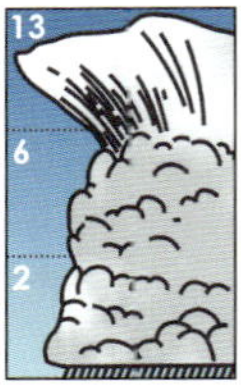

Hier begegnen wir einer Cumulonimbus-Begleitwolke, die sich nur relativ selten in so ausgeprägter Form zeigt wie auf diesem Bild: der **Böenwalze**, auch Böenkragen genannt. Da sich die Böenwalze gern bogenförmig in Strömungsrichtung vorwölbt, hat sie den lateinischen Namen arcus bekommen, was auf Deutsch Bogen bedeutet (siehe folgende Seiten). Der komplette Name der hier gezeigten Wolke lautet also Cumulonimbus arcus.

Böenwalzen bilden sich in erster Linie, wenn kalte Luft gegen warme Luft vorrückt, so wie das beim Durchgang sommerlicher Gewitterfronten der Fall ist. Aber auch an einzelnen Hitzegewittern wurden sie schon beobachtet. Begleitet wird die mächtige, oft bedrohlich schwarze Wolkenmasse von heftigen Sturmböen bis zu Orkanstärke – daher auch der Name Böenwalze!

Eine Böenwalze ist also ein heftig um eine horizontale Achse rotierender, oft viele Kilometer langer Luftwirbel, der durch Wolkenbildung sichtbar geworden ist. Als solcher kann sie unter Umständen sogar zum Initialwirbel eines Tornados werden. Das passiert dann, wenn sie von heftigem Vertikalwind erfasst und „aufgestellt" wird.

Prognose: Einer Böenwalze folgen regelmäßig Gewitter mit heftigen Regen-, Schnee- oder Hagelschauern.

Cumulonimbus capillatus incus

Familie:	stockwerkübergreifende		
Gattung:	haufenförmig	Cumulonimbus	Cb
Art:	haarig	capillatus	cap
Begleitwolke:	Amboss	incus	inc

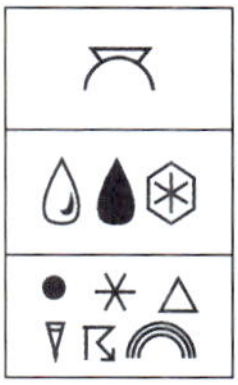

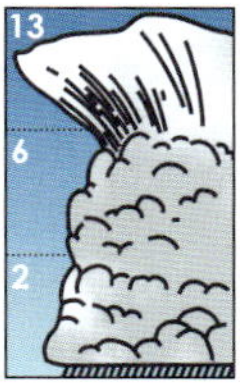

Auf diesem Bild sieht man einen mustergültigen Cumulonimbus: Der untere Teil ist mächtig entwickelt und schwer in seinem Erscheinungsbild, dunkelgrau, fast schwarz in der Farbe – ein Zeichen für eine gigantische Zahl an Wassertröpfchen und Eispartikeln, vielleicht sogar schweren Hagelschlossen. Darüber ein riesig ausladender Amboss mit faseriger, haariger Struktur. Es ist gut erkennbar, wie die einzelnen Fäden nach außen hin dünner und dünner werden, allmählich immer mehr Sonnenlicht durchlassen und sich schließlich im Blau des Himmels verlieren.

Bei genauerem Hinschauen sieht man auch, dass sich zumindest der untere Teil bis zum Ansatz des Ambosses in Rotation befindet. Dort zeigen sich ringsum kommaförmige Strukturen, die auf einen Übergang von vertikaler in horizontale Bewegung hindeuten.

Prognose: Dass Wolken, die so haarig aussehen, auch „haarig sein“ können, ist hinlänglich bekannt. Neben schweren Regenschauern stehen Hagel, Gewitter und Sturm bis zu Tornados auf ihrer Agenda. Deshalb: Rechtzeitig Schutz suchen oder flüchten.

Wenn Sie aber sicher sein können, dass die Wolke von Ihnen wegzieht, dann lassen Sie sich von ihrer Mächtigkeit beeindrucken und bewundern Sie ihre Schönheit.

Cumulonimbus arcus

Familie:	stockwerkübergreifende		
Gattung:	haufenförmig	Cumulonimbus	Cb
Begleitwolke:	Böenwalze	arcus	arc

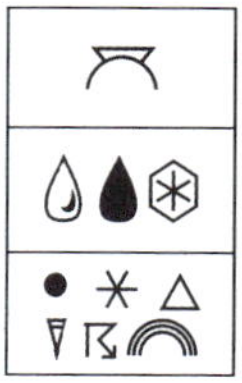

Wenn sich an einem schwülheißen Hochsommernachmittag ein solches Unwetter heranschiebt, befällt sogar einen Meteorologen ein ungutes Gefühl.

Wir erleben hier, wie sich ein gewaltiger Cumulonimbus bogenförmig (arcus) über den Beobachtungsstandort hinwegschiebt. Seine beklemmend dunkle Färbung lässt eine Höhe von sicher nicht weniger als 10 km vermuten (Höhe der Tropopause; Seite 22). Sein Amboss ist schon durchgezogen; wir blicken bereits von unten her unter diesen Schirm.

Sicher fällt es beim Anblick eines solchen Ungetüms nicht gerade leicht, sich vorzustellen, dass er sich Beobachtern in einigen Kilometern Entfernung ähnlich prächtig präsentiert wie der auf Seite 125 oder 129. Interessant sind auch die etwa in der Bildmitte erscheinenden von links her rötlich beleuchteten Wolkenfetzen. Das sind die Spuren der Aufwinde, die sich an der Vorderseite von Cumulonimben einstellen und die identisch sind mit den – scheinbar herunterhängenden – Wolkenformationen auf dem Bild von Seite 134. Sie zerren Luft vom Boden aus in die Höhe, die sich beim Aufsteigen abkühlt. Mit Einsetzen der Wasserdampf-Kondensation erscheinen die Wolkenfetzen. Beim weiteren Hochsteigen kondensiert immer mehr Wasserdampf, sodass sie nach oben zu dicker und dicker werden.

Cumulonimbus mamma

Familie:	stockwerkübergreifende		
Gattung:	haufenförmig	Cumulonimbus	Cb
Begleitwolke:	Regensäcke	mamma	mam

Wenn sich ein kräftiger Schauer oder ein schweres Gewitter entladen haben und die dunklen Wolken abziehen, sieht man aus dem Restgewölk häufig die im Vergleich zu sonstigen Wolken recht untypischen beutel- oder busenförmigen **Regensäcke** – auch Gewittersäcke genannt – herunterhängen.

Die Wolkenklassifikation führt sie als Begleitwolke zum Cumulonimbus und gibt ihnen den Namen **mamma**. Somit wird das gesamte Wolkengebilde als Cumulonimbus mamma bezeichnet. Ihre Entstehungsweise wird auf Seite 23 erklärt.

Mamma-Formen gibt es in allen Wolkenstockwerken. Die auffälligsten und damit auch bekanntesten jedoch sind die zu den Cumulonimbus-Wolken gehörigen.

Prognose: Da Mamma-Wolken in erster Linie nach einem Schauer oder Gewitter erscheinen, dürfen sie meist als Zeichen einer bevorstehenden Wetterbesserung gesehen werden.

Cumulonimbus mamma

Familie:	stockwerkübergreifende		
Gattung:	haufenförmig	Cumulonimbus	Cb
Begleitwolke:	Regensäcke	mamma	mam

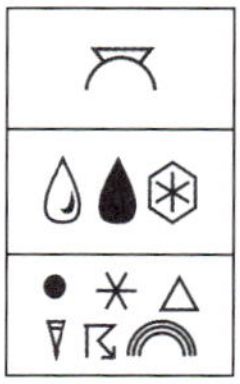

Regensäcke gehören allein schon wegen ihrer ungewöhnlichen Form zu den Exoten am Wolkenhimmel.

Ein vollends dramatisches Himmelsbild lassen **Mamma-Wolken** im feuerroten Licht der untergehenden Sonne erstehen. Wenn der Wolkenhimmel im Gegenlicht erstrahlt, erscheinen sie wie riesige, mit Wasser gefüllte Säcke, die im nächsten Augenblick herunterzustürzen drohen.

Doch in Wirklichkeit sind es üblicherweise ganz harmlose Wolken, die bald wieder genauso spurlos verschwinden, wie sie aufgetaucht sind – und wenn man ein bisschen Glück hat, verabschieden sie sich sogar mit einem prächtigen Regenbogen (Seite 141). Allerdings darf nicht verschwiegen werden, dass Mamma-Wolken auch schon mit der Entstehung von Tromben (Tornados, auch Wind- oder Wasserhosen genannt) in Verbindung gebracht wurden. Jedenfalls finden sich neben dem Ausgangspunkt des Trombenrüssels gelegentlich auch Mamma-Bildungen. Demnach ist es nicht auszuschlißen, dass Mamma-Wolken bei entsprechenden Wettersituationen zu einer Vorstufe für eine Trombe werden könnten.

Pronose: siehe Seite 137.

Nimbostratus

Familie:	stockwerkübergreifende		
Gattung:	schichtförmig	Nimbostratus	Ns

Wie Stratus- so sind auch Nimbostratus-Wolken ausgesprochen langweilig: dunkelgrau, trist und monoton. Und Regen fällt aus ihnen – oft stunden-, manchmal tagelang! Im Winter können sie eine dicke Schneedecke entstehen lassen.

Nur selten sind Ansätze von vertikalen Strukturen zu erkennen. Nimbostratus ist schon durch seine Entstehungsweise als **Aufgleitwolke** (Seite 16) angelegt, in der nicht selten horizontale Schichten zu erkennen sind. In den Tropen kann man besonders in Regenpausen beobachten, wie Nimbostratus-Wolken vorübergehend in mehrere Schichten zerfallen, die aber üblicherweise rasch wieder zusammenwachsen.

Niederschläge sind ein wichtiges Klassifizierungskriterium für diesen Wolkentypus. Nur wenn wirklich anhaltend Regen oder Schnee aus ihr fällt, zählt sie zur Gattung Nimbostratus.

Gelegentlich können die Niederschläge auch schauerartig verstärkt sein, in ganz seltenen Fällen treten sogar kurze Gewitter auf – überwiegend dann, wenn es während des Aufgleitens zu lokalen Hebungsvorgängen kommt.

Prognose: Gleichmäßiger Regen- oder Schneefall. Im Alpenvorland spricht man gern von „Salzburger Schnürlregen“. Wenn dieser schon seit Stunden anhält, darf man auf ein baldiges Ende hoffen.

Nimbostratus pannus

Familie:	stockwerkübergreifende		
Gattung:	schichtförmig	Nimbostratus	Ns
Begleitwolken:	Wolkenfetzen	pannus	pan

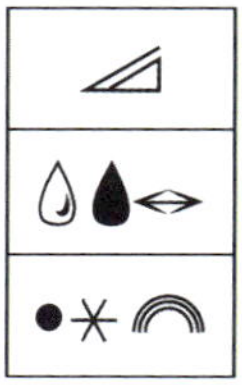

Gelegentlich bilden sich unterhalb einer Nimbostratus-Schicht isolierte, an Cumulus fractus (Seite 111) erinnernde Wolkenfetzen aus. Sie werden als Begleitwolken behandelt und haben ihren Namen vom lateinischen Wort für Fetzen oder Lumpen: *pannus*.

Die Wolke auf dem obigen Bild ist also ein **Nimbostratus pannus**.

Die Pannus-Wolken können zu einer ausgedehnten Schicht zusammenwachsen, die allerdings mit dem eigentlichen Nimbostratus nichts zu tun hat. Ihre Entstehung verdanken **Pannus-Wolken** ähnlichen Vorgängen wie die Mamma-Wolken (siehe dazu auch Seite 23 und 138).

Neben Pannus-Formen können unter einer Nimbostratus-Wolke auch Fallstreifen oder Niederschlagsstreifen auftreten.

Fallstreifen (virga) sind schleppenförmige Streifen, die meistens schräg aus einer Wolke herabhängen (Rauschebart). Sie erreichen den Erdboden nicht, weil die Tröpfchen oder Eispartikel, aus denen sie bestehen, verdunsten, bevor sie auf der Erdoberfläche auftreffen. **Niederschlagsstreifen (praecipitatio)** dagegen gehen auf Niederschläge zurück, die den Erdboden erreichen (Beispiele dazu auf den Seiten 132 und 133; vgl. auch Seite 39).

Optische Phänomene

Die beinahe einzige optische Erscheinung im Bereich der stockwerkübergreifenden Wolken ist der Regenbogen. Er ist nicht nur das bekannteste Himmelsphänomen, sondern auch das auffälligste. Was sind schon Lichtsäulen, Haloringe oder Nebensonnen gegen die Farbenpracht des Regenbogens! Wegen seiner manchmal geradezu überwältigenden Wirkung besitzt er schon seit Jahrtausenden eine tiefe Symbolkraft. So berichtet Moses im 9. Kapitel seines 1. Buches, dass Gott nach der Sintflut den Regenbogen als Zeichen der Versöhnung mit den Menschen in die Wolken gezeichnet habe. Heute, in einer Zeit zunehmenden Umweltbewusstseins, ist er zum Sinnbild der Versöhnung mit der Natur geworden.

Wie aber entsteht ein Regenbogen? Dazu müssen wir uns zunächst einmal klarmachen, wann der Regenbogen am

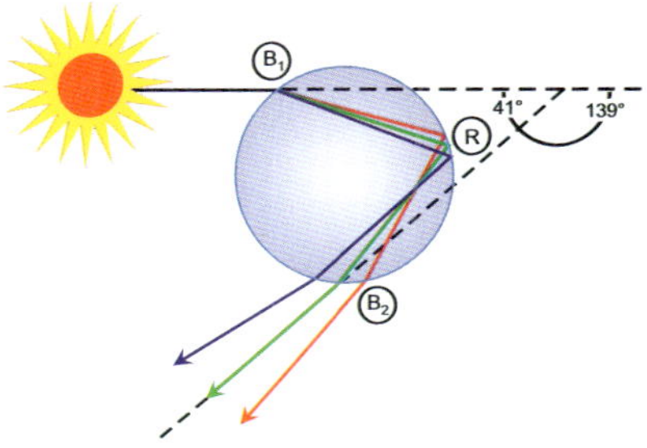

Vorgänge in den Regentropfen, die zur Entstehung des Regenbogens führen.

Himmel erscheint und wo er sich zeigt. Er taucht üblicherweise nach dem Ende eines Regens im abziehenden Gewölk auf, wenn die Sonne wieder hervorbricht und auf die Regenwolken scheint.

Für sein Entstehen sind offensichtlich Regentropfen erforderlich, auf die das Licht der Sonne fällt.

Im Prinzip entsteht der Regenbogen genauso wie der Haloring durch einen **Brechungsvorgang** (Seite 70). Sind es

Regenbogen

beim Haloring die Kanten der Eiskristalle, die den Vorgang auslösen, so sind es beim Regenbogen die kugelförmigen Oberflächen der Regentropfen. Auch beim Regenbogen werden also die Sonnenstrahlen durch Brechung von ihrer Bahn abgelenkt. Während beim Haloring der Vorgang damit abgeschlossen ist, kommt beim Regenbogen noch ein **Reflexionsvorgang** dazu.

Die Abbildung auf Seite 141 zeigt, was passiert, wenn ein Sonnenstrahl auf einen Regentropfen trifft. Zunächst wird der Strahl beim Eindringen an der Tropfenoberfläche (B_1) gebrochen, also aus seiner Bahn gelenkt und dabei, wie man es von einem Prisma kennt, in seine Spektralfarben zerlegt. Aufgrund physikalischer Gesetze kann der Strahl aber den Tropfen auf der gegenüberliegenden Seite (R) nicht wieder verlassen. Er wird stattdessen in das Tropfeninnere zurückgeworfen – reflektiert, wie man im physikalischen Fachjargon sagt. Erst jetzt erlauben die physikalischen Gesetze dem Strahl, den Tropfen unter nochmaliger Brechung bei (B_2) wieder zu verlassen. Inzwischen hat er eine Richtungsänderung um 139 Grad erfahren.

Alles Weitere verläuft wie beim Haloring: Die Regentropfen, die 180 minus 139 = 41 Grad vom Gegenpunkt (s.u.) der Sonne entfernt sind, formieren sich optisch zu einem leuchtenden Kreis: dem Regenbogen. Auch die Farben des Regenbogens erklären sich wie die des Haloringes. Da die kürzeren Wellenlängen stärker gebrochen werden als die längeren, hat der blaue Bogen einen etwas kleineren Radius als der rote Bogen, oder anders ausgedrückt, ist der Regenbogen innen blau und außen rot.

Regenbögen – so wurde bereits gesagt – tauchen normalerweise dann auf, wenn die Sonne in eine abziehende Re-

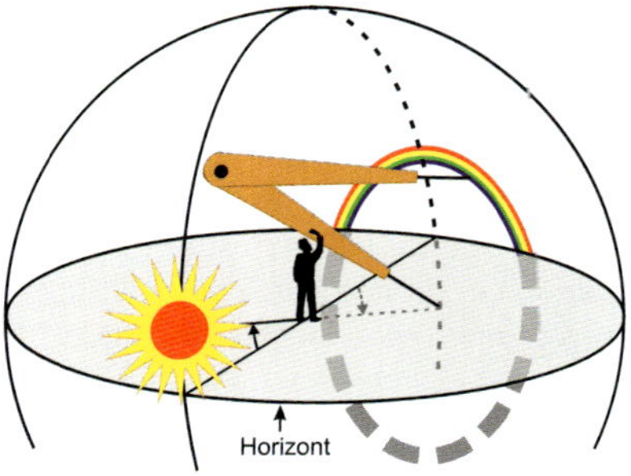

Wo der Regenbogen am Himmel zu finden ist.

genwand hineinscheint. Er steht also der Sonne stets genau gegenüber. Betrachten wir, um uns die Verhältnisse klarzumachen, die Abbildung auf dieser Seite. Sie zeigt die scheinbare Himmelskugel, die sich über einem Beobachter wölbt. Die graue Fläche ist seine vom Horizont begrenzte Umgebung. Der Horizont ist die schwarze Linie.

Der Mittelpunkt des Regenbogens und die Sonne stellen ein Paar von zwei genau gegenüberliegenden Punkten am Himmel dar, genauso wie der Zenit und der Nadir oder wie der Ostpunkt und der Westpunkt. Das hat eine wichtige Konsequenz: Da es den Regenbogen nur dann geben kann, wenn die Sonne am Himmel steht, liegt sein Mittelpunkt stets genau so weit unter dem Horizont, wie die Sonne über dem Horizont steht. Um diesen Mittelpunkt darf man sich den Regenbogen, wie mit einem auf 41 Grad geöffneten Zirkel gezogen, denken. Man kann also immer nur ein begrenztes Bogenstück sehen. Je höher die Sonne steht, desto tiefer liegt der Regenbogen-Mittelpunkt und desto kürzer ist der sichtbare Teil. Im günstigsten Fall, d. h. wenn die Sonne gerade auf- oder untergeht, ist das ein halber Kreis. Vom Flugzeug oder anderen erhöhten Standorten aus kann man auch größere

Auf erhöhten Standorten, so wie hier auf dem 1800 m hohen Wendelstein in den bayerischen Alpen, kann man vom Regenbogen mehr als einen Halbkreis sehen.

Bogenstücke sehen, im Optimalfall sogar den ganzen Kreis. Das Bild auf dieser Seite ist an der Wetterstation auf dem Wendelstein in 1800 m Höhe aufgenommen worden. Wie man sieht, kann man von diesem hohen Standpunkt aus mehr als einen Halbkreis beobachten.

Häufig zeigen sich sogar zwei Regenbögen. Der zweite, etwas größere mit einem Radius von etwa 51 Grad, der auch **Nebenregenbogen** heißt, hat die umgekehrte Farbabfolge wie der Hauptregenbogen, bei ihm ist also Rot innen und Blau außen. Er entsteht, wenn die in die Regentropfen eindringenden Sonnenstrahlen nicht nur einmal, sondern zweimal reflektiert werden. Auf diese Weise kommt es zu einer Richtungsänderung um etwa 51 Grad und der umgekehrten Farbabfolge. Es gibt sogar noch einen dritten Regenbogen, der auf eine Dreifach-Reflexion zurückgeht. Er ist aber sehr lichtschwach und steht zudem auf der sonnenzugewandten Seite des Himmels. Da es dort üblicherweise sehr hell ist, fällt er kaum auf.

Beim Beobachten von Regenbögen kann man gelegentlich zwei Besonderheiten entdecken. Die erste ist, dass sich beim (kleineren) Hauptregenbogen nach innen noch mehrere schwach gefärbte bis weißliche Bögen anschließen, die schließlich in eine unstrukturierte helle Fläche übergehen. Die physikalische Deutung dieser Erscheinung ist nicht ganz einfach. Wir müssen uns deshalb auf den Hinweis beschränken, dass es sich hier um Interferenz- bzw. Mehrfachstreuungs-Vorgänge handelt. (Physikalisch Interessierte finden die genaue Erklärung in Physik-Lehrbüchern).

Die zweite Besonderheit ist, dass der Himmel innerhalb des kleineren und au-

Haupt- und Nebenregenbogen und dazwischen „Alexanders dunkles Band"

ßerhalb des größeren Bogens heller ist als zwischen den Bögen. Man spricht von „Alexanders dunklem Band". Es kommt – stark vereinfacht gesagt – dadurch zustande, dass durch die Brechungsvorgänge das Licht aus diesem Zwischenraum großenteils auf die beiden Bögen und die Himmelsbereiche innerhalb des kleinen und außerhalb des großen Regenbogens umgelenkt und dort konzentriert wird. Damit bleibt für den Bereich zwischen den Bögen nur noch eine schwache Restausleuchtung übrig.

Prognose: Eigentlich erübrigt es sich, darauf hinzuweisen, dass ein Regenbogen erst einmal das Ende eines Regenereignisses anzeigt – aber jetzt wissen wir auch, warum das so ist!

Besondere Wolken

Wolken der hohen Atmosphäre

Wenn am Abend die Sonne unter den Horizont sinkt, fallen zunächst die Wolken in den unteren Stockwerken in den Schatten, später auch die des Cirrus-Niveaus und die hohen Kondensstreifen. Mit fortschreitender Dämmerung versinken sie alle in unscheinbares Grau und verlieren sich vor dem dunkler werdenden Nachthimmel.

In seltenen Fällen, die aber umso beeindruckender sind, schlägt dann die Stunde der Wolken in der hohen Atmosphäre: der Perlmutterwolken und der leuchtenden Nachtwolken.

Perlmutterwolken

Die Sonne muss bereits einige Grad unter den Horizont gesunken sein, ehe Perlmutterwolken sichtbar werden. In ihrer Form ähneln sie häufig den Cirren, oder sie nehmen lenticularis-ähnliche Strukturen an. Auch mit sehr hohen mandelförmigen Altocumuli wurden sie schon verglichen.

Ihre Farbe ist hellweiß glänzend, darüber hinaus schimmern sie in feintönigen Perlmuttfarben – worauf ja auch ihr Name hindeutet. Solche Farbspiele bezeichnet man in der Meteorologie als Irisieren (Seite 97). Perlmutterwolken schweben in Höhen zwischen 20 und

Perlmutterwolken

Leuchtende Nachtwolken über der Flensburger Förde

30 km. Dort scheint die Sonne noch, wenn sie für einen Beobachter auf der Erdoberfläche bereits einige Grad unter den Horizont gesunken ist (siehe oben!).

Die tieferen Atmosphärenschichten liegen dann voll im Schatten, sodass sie kein Streulicht (Seite 8) mehr aussenden, das die Perlmutterwolken überstrahlen würde. Das Gleiche gilt für (dünne) Wolken in diesen Schichten.

In der Höhe der Perlmutterwolken herrschen Temperaturen um −40 bis −60 °C. Das bedeutet, die Perlmutterwolken könnten zwar noch sehr kleine, unterkühlte Wassertröpfchen (Seite 8) enthalten, wahrscheinlicher ist jedoch, dass sie aus Eiskriställchen bestehen, die durch unmittelbaren Übergang von Restwasserdampf auf Gefrierkerne entstehen. Diesen Vorgang bezeichnet man als **Sublimation**, die Gefrierkerne heißen in diesem Fall Sublimationskerne.

Leider sind Perlmutterwolken sehr selten. Am häufigsten zeigen sie sich über Norwegen, Schottland und Alaska bei West- und Nordwestwind. Man hat sie aber auch schon in anderen Regionen der Erde beobachtet, sogar in den Tropen.

Leuchtende Nachtwolken

Es gilt als sicher, dass sie ihr Entstehen den Leewellen (Seite 19 und 166) verdanken, die sich beim Überströmen höherer Gebirge ausbilden und die – passende Strömungsgeschwindigkeiten vorausgesetzt – bis über 30 km hoch reichen können. Diese Erklärung deckt sich auch gut damit, dass Perlmutterwolken in ihren „Heimatgebieten" besonders dann auftreten, wenn der Wind quer zum Verlauf der Gebirgskämme weht. Die Entstehungsweise von Leewellenwolken ist auf Seite 18 beschrieben. Im Abschnitt Föhn (Seite 161) wird die Bildung der Perlmutterwolken als Teil des Föhnprozesses in einer Grafik vorgestellt.

Leuchtende Nachtwolken

Noch viel ungewöhnlicher als die Perlmutterwolken sind die sogenannten leuchtenden Nachtwolken.

In den Jahren nach dem gewaltigen Ausbruch des Vulkans Krakatau (1883) zeigten sich regelmäßig 1–2 Stunden nach Sonnenuntergang bis in die Nacht hinein eigentümliche, silbrig weiß leuchtende Wolken. Offensichtlich schwebten sie in extrem großer Höhe, denn sie wurden noch von der Sonne beleuchtet, als es auf der Erde bereits stockdunkel war. Die Erscheinung wiederholte sich nach anderen schweren Vulkanausbrüchen und den gewaltigen Meteoriteneinschlägen von 1908 und 1947. Es war also naheliegend, an Staubwolken aus Meteoritenstaub oder Vulkanasche als Entstehungsursache zu denken.

Aufmerksame Beobachtungen in den Folgejahren zeigten, dass es sich bei diesem Phänomen nicht um einmalige, sondern um zwar seltene aber doch regelmäßige Erscheinungen handelt. Die Wolken tauchen jedes Jahr zum Sommer hin in 45–75 Grad nördlicher und zum Winter hin in gleicher südlicher Breite auf. Schon nach wenigen

Kondensstreifen

Wochen werden sie wieder viel seltener. In anderen als den genannten Breiten sind noch nie welche gesichtet worden. Verschiedene Quellen kennen leuchtende Nachtwolken nur auf der Nordhalbkugel. Über Deutschland lässt sich dieses Phänomen rund 10- bis 15-mal pro Jahr beobachten. In den Monaten Mai bis Juli zeigen sie sich durchschnittlich in jeder fünften Nacht.

Heute weiß man, dass es sich dabei nicht um Staubwolken handelt, sondern dass es Wolken aus sehr kleinen Eiskristallen sind. Ihre Durchmesser bewegen sich um 0,2 µm. Der Wasserdampf setzt sich unmittelbar auf winzige Sublimationskerne aus Vulkanasche oder aus Meteoritenstaub aus dem Weltall ab. Die Kerne haben Durchmesser von nur etwa 0,05 µm.

Die Wolken halten sich in Höhen um 85 km bei Temperaturen zwischen −80 und −90 °C auf. Sie entstehen bei Hebungsvorgängen und der damit verbundenen Abkühlung (Seite 21). Zu beobachten sind sie nur, wenn die Sonne zwischen 6 und 16 Grad unter dem Horizont steht. Dann liegen die Atmosphärenschichten unter ihnen bereits im Schatten, während sie selbst noch von der Sonne beleuchtet werden – ein Phänomen, wie es uns bereits bei den Perlmutterwolken begegnet ist.

Dem Beobachter präsentieren sich leuchtende Nachtwolken als zarte, meist bänder-, ring- oder wellenförmige Wolkenschleier – feiner Cirrus-Bewölkung ähnlich. Ihre Farbe ist golden oder rotbraun, wenn sie nahe am Horizont stehen. Mit wachsender Sonnenhöhe gehen sie in irisierendes bläuliches Weiß über und zum Zenit hin nehmen sie einen blaugrauen Ton an. Gelegentlich erscheinen sie aber auch in strahlendem Purpur. Infolge ihrer Leuchtkraft heben sie sich sehr deutlich vom dunklen Nachthimmel ab.

Polwärts von 75 Grad können keine leuchtenden Nachtwolken mehr beobachtet werden. Das liegt daran, dass es dort zu der Zeit, in der sie entstehen, nicht dunkel wird, sodass man sie nicht erkennen kann. In den Breiten niedriger als 45 Grad ist es in der Atmosphäre für die Sublimation des Wasserdampfes nicht kalt genug.

Durch technische Prozesse entstandene Wolken

Auch bei technischen Vorgängen entstehen Wolken. Die meisten und bekanntesten von ihnen, wie etwa Kondensstreifen und Kühlturmfahnen, sind auf die Freisetzung von Wasserdampf, einige weniger bekannte auf die Abkühlung der Umgebungsluft zurückzuführen.

Kondensstreifen

Beginnen wir gleich ganz weit oben in der Atmosphäre: auf den Verkehrswegen der Linienflugzeuge. Der Zivil-Luftverkehr wird in Flughöhen zwischen 8 und 12 km abgewickelt. Dort herrschen üblicherweise Temperaturen zwischen −40 und −70 °C. Aus dem Flugzeugtreibstoff entstehen beim Verbrennen unter anderem auch erhebliche Mengen an Wasserdampf.

Ein Jumbo-Jet beispielsweise stößt im Reiseflug in 11 km Höhe aus seinen vier Triebwerken in jeder Sekunde knapp 10 kg Wasserdampf aus. Das entspricht unter den meteorologischen Bedingungen in der Flughöhe fast 40 m^3/s. Beim Vermischen mit der kalten Umgebungsluft kühlt dieser ab, wobei – geeignete Temperatur- und Feuchteverhältnisse vorausgesetzt – der Taupunkt unterschritten wird und Kondensation einsetzt (Seite 5).

Die Verbrennungsabgase verlassen das Triebwerk mit Temperaturen um die 600 °C. Sie kühlen sich zwar sehr schnell ab. Wegen der sehr hohen Ausströmgeschwindigkeit setzt aber die Kondensation doch oft erst eine Flugzeuglänge oder noch weiter hinter den Triebwerken ein.

Das kann man gewöhnlich auch mit bloßem Auge gut erkennen. Auf so faszinierende Weise wie auf unserem Foto,

Kondensstreifen bilden sich erst ein Stück hinter den Triebwerken.

auf dem ein Jet gerade vor der Sonne vorbeifliegt, bekommt man den Vorgang allerdings nur mithilfe eines Spezialteleobjektives zu sehen.

Je trockener die Außenluft ist, desto weiter müssen die Flugzeugabgase abgekühlt werden und desto weiter hinter dem Flugzeug beginnt der Kondensstreifen. Bei sehr trockener Luft bleibt er ganz aus.

Der von den Triebwerken ausgestoßene Wasserdampf geht wegen der schnellen Abkühlung vom gasförmigen Zustand unmittelbar in den festen Zustand über. Kondensstreifen bestehen deshalb ausschließlich aus winzigen Eiskriställchen. Und so zeigen sie in vielerlei Hinsicht sehr ähnliche Eigenschaften und ein ähnliches Verhalten wie die bekanntlich (Seite 29) auch aus Eiskristallen bestehenden Cirrus-Wolken. Beispielsweise kann man in Kondensstreifen die verschiedensten optischen Phänomene beobachten, von denen die Nebensonnen (Seite 72) sicher die häufigsten sind. Aber auch Konvektionsvorgänge,

Kondensstreifen verhalten sich vielfach wie natürliche hohe Wolken.

die zu castellanus-ähnlichen (Seite 59) Entwicklungen führen, sind durchaus keine Seltenheit. Und schließlich entwickeln sich unter Kondensfahnen manchmal auch regelrechte Fallstreifen. Bei geeigneten Windverhältnissen können sich daraus die gleichen langen Wolkenfäden ausbilden, die man von den Cirren (Cirrus uncinus) kennt (Seite 23, 24).

Prognose: Kondensstreifen entstehen nur bei einer bestimmten Mindest-Luftfeuchtigkeit. Sie sind daher – insbesondere, wenn sie sich sehr rasch vermehren und ausbreiten – ein untrügliches Zeichen dafür, dass die Luft sehr feucht ist oder zunehmend feuchte Luft herangeführt wird. Sie deuten daher üblicherweise auf eine bevorstehende **Wetterverschlechterung** mit Regen- oder Schneefällen hin.

Kondensstreifen unterscheiden sich von natürlichen Wolken durch eine optisch sehr interessante Eigenschaft: Sie sind geradlinig – zumindest auf einer gewissen Länge und eine gewisse Zeit lang. Gerade Linien gibt es in der Natur kaum, am Himmel – von wenigen Halo- und anderen Strahlungserscheinungen (Seite 67) abgesehen – überhaupt nicht. Aus diesem Grund entwickeln Kondensstreifen oft eine außerordentlich starke grafische Wirkung.

An dem Tag, an dem das Bild auf Seite 151 oben aufgenommen wurde, waren die Entstehungsbedingungen für Kondensstreifen sehr günstig. Zudem verläuft über dem Beobachtungsort eine viel beflogene Luftstraße. Aus diesem Grund konnten sich besonders viele Kondensstreifen bilden und auch sehr lange halten. Während sie langsam auseinanderdiffundieren, verlieren sie allmählich ihre typische Form. Gleichzeitig werden die Kondensstreifen vom Wind von links nach rechts getragen. Das heißt: Die jüngsten Streifen stehen links, die älteren rechts im Bild.

Polbänder aus Kondensstreifen

Schatten eines Kondensstreifens auf einer Altostratus-Decke

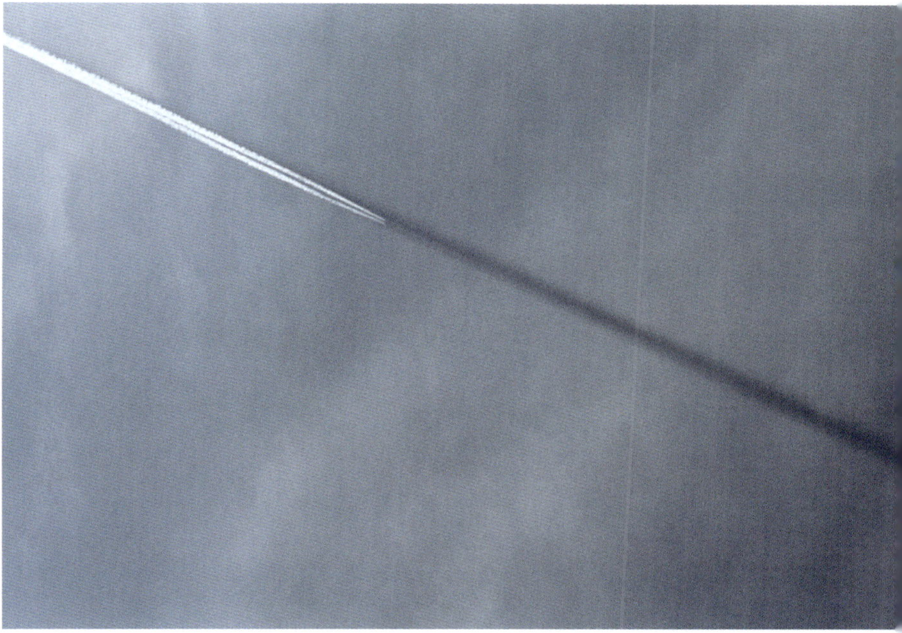

Auflösung von Wolken durch die Turbulenzen eines Flugzeuges (distrail)

Die fächerartige Anordnung der Kondensstreifen auf diesem Bild geht natürlich – wie bei allen anderen Radiatus-Wolkenformen (vgl. Seite 52) – auf die Perspektivenwirkung zurück. Obwohl sie scheinbar einem einzigen Punkt entspringen bzw. sich in einem Punkt vereinigen, verlaufen sie in Wirklichkeit doch alle streng parallel nebeneinander.

Wie in den unteren Atmosphärenschichten ist die Luftströmung auch in großen Höhen keineswegs ebenmäßig und gleichförmig. Auch dort gibt es Turbulenzen, die zu unregelmäßigen Luftbewegungen führen. Die gezeigten Kondensstreifen sind ein überzeugendes Abbild dieser Bewegungen. Man sieht ihnen förmlich an, wie sie vom Wind zerzaust worden sind.

Das Foto auf Seite 151 unten dürfte wohl zunächst einige Rätsel aufgeben. Hier aber gleich die Lösung: Die dunkle Linie nach rechts unten ist nichts anderes als der Schattenwurf des links oben erkennbaren Kondensstreifens auf eine dünne, gleichmäßige Altostratus-Schicht (Seite 94). Der Zufall wollte es, dass sich bei dieser Situation der Kondensstreifen, sein Schatten und der Beobachter in ein- und derselben Ebene befanden, sodass die Kondensfahne und ihr Schatten zusammenzufallen scheinen.

Schatten von Kondensstreifen sind keine Seltenheit. Meistens fliegt die Maschine in solchen Fällen über einer dünnen Wolkenschicht, auf die der Schatten herunterfällt. Bei sehr tiefem Sonnenstand, einer hohen Wolkenschicht und einer entsprechend weit darunter verlaufenden Flugbahn kann der Schatten aber auch nach oben geworfen werden.

Interessanterweise gibt es auch das Gegenteil von Kondensstreifen, nämlich die Auflösung von Wolken längs der Flugbahn (siehe oben). Im Englischen bezeichnet man dieses Phänomen als **distrail**, im Gegensatz zum contrail, was Kondensstreifen bedeutet. Einen deut-

Überflügelwolke und Wirbelzöpfe an einem Verkehrsflugzeug

schen Namen dafür gibt es leider nicht. Voraussetzung für diesen Effekt ist, dass sich in der Höhe eine von trockener Luft erfüllte Inversion ausgebildet hat, an deren Untergrenze eine dünne Wolkenschicht schwebt. Fliegt nun ein Flugzeug durch diese Wolkenschicht, also zwischen den beiden Luftmassen, so werden diese von den Turbulenzen, die das Flugzeug hinterlässt, kräftig durchmischt. Insbesondere die auf Seite 154 besprochenen Wirbelzöpfe oder Wirbelschleppen wirken dabei kräftig mit. Die untere, wolkenhaltige Luftschicht wird dabei wärmer und trockener, ist also nicht mehr feuchtegesättigt. Die Folge davon ist, dass sich die Wolken auflösen – natürlich nur innerhalb eines schmalen, verwirbelten Streifens längs der Flugbahn.

Betrachten wir noch zwei weitere, zwar meist nicht unbedingt spektakuläre, aber doch hoch interessante, wolkenartige Erscheinungen an Flugzeugen. Sie gehen – im Gegensatz zu den Kondensstreifen – nicht auf den Ausstoß von Wasserdampf, sondern auf Abkühlung von feuchter Umgebungsluft zurück.

Überflügelwolken

Die in der Abbildung oben gezeigten sogenannten Überflügelwolken bilden sich unmittelbar über den Tragflächen, manchmal auch über den hinteren Leitwerksflügeln. Das Phänomen ist vom Prinzip her einfach zu erklären: Um dem Flugzeug den größtmöglichen Auftrieb zu verschaffen, konstruiert man die Tragflächen so, dass auf ihrer Unterseite der Luftdruck stark erhöht, auf der Oberseite dagegen so weit wie möglich abgesenkt wird. (Wie man das macht, kann hier nicht im Einzelnen erklärt werden, dazu muss auf Lehrbücher der Physik verwiesen werden.) Sehr bildhaft ausgedrückt: Das Flugzeug wird an seinen Tragflächen von unten in die Höhe gedrückt und von oben hochgesogen.

Wirbelzöpfe hinter einem Verkehrsflugzeug

Für die Ausbildung der Überflügelwolken ist die Druckabnahme an der Tragflächenoberseite verantwortlich. Mit sinkendem Luftdruck geht bekanntlich (Seite 11) auch die Lufttemperatur zurück. Wird der Luftdruck dort so weit gesenkt, dass sich die Luft bis unter die Taupunkttemperatur abkühlt, so kommt es zur Kondensation und über den Flügeln entsteht eine im Flugwind wabernde, flache Wolke. Hinter den Flügeln gleichen sich die Luftdruckgegensätze schnell wieder aus, mit der Folge, dass sich die Wolke rasch auflöst. Je feuchter die Luft ist, desto größer ist auch die Wahrscheinlichkeit, dass der Taupunkt unterschritten wird und dass sich eine solche Wolke ausbildet.

Wirbelzöpfe

Druckunterschiede versuchen sich auszugleichen. Das gilt auch für solche, die sich zwischen der Ober- und der Unterseite einer Flugzeugtragfläche aufgebaut haben. Doch gerade dort sind die Voraussetzungen für einen Ausgleich äußerst eingeschränkt: Über die Vorder- und die Hinterkante des Flügels hinweg besteht grundsätzlich keine Möglichkeit. Denn die Flügel sind ja so konstruiert, dass sie einen **möglichst großen Druckunterschied aufbauen**. Lediglich an den Flügelspitzen kann sich eine seitliche Ausgleichsströmung einstellen.

Zusammen mit dem Flugwind der Maschine wird diese Strömung zu einem dicken, mächtigen, spiralig rotierenden Luftschlauch, der hinter dem Flugzeug kilometerweit nachgeschleppt wird (siehe Bild oben). Wegen der Rotationsbewegung spricht man von einem **Wirbelzopf** oder einer **Wirbelschleppe** (Seite 153).

Unter geeigneten Bedingungen bilden sich innerhalb der Wirbelzöpfe lange Wolkenfäden, die an den Tragflächen festgeknüpft scheinen. Wie entstehen solche Wolken? Wodurch kommt es dort

Dampfwolken aus Schornsteinen haben ähnliche Strukturen wie Cumulus-Wolken.

zur Kondensation des Wasserdampfes? Der Druckunterschied zwischen der Ober- und der Unterseite der Tragflächen muss, damit der erforderliche Auftrieb zustande kommt, je nach Größe des Flugzeugs beachtliche Werte annehmen. Der Airbus A 380 beispielsweise hat ein maximales Startgewicht von 560 t. Je größer die Druckgegensätze sind, desto heftiger rotieren die Wirbelzöpfe: 100–150 km/h sind normal, unter Extrembedingungen werden 350 km/h erreicht. Die heftige Rotation lässt Zentrifugalkräfte entstehen, die die Luft in die äußeren Bereiche des Wirbelzopfes drängen. Dadurch entsteht an der Wirbelzopf-Achse ein Unterdruck, der zu einer Temperaturabsenkung führt (vgl. Seite 11). Insbesondere bei hoher Luftfeuchtigkeit wird dabei der Taupunkt unterschritten und es kommt zur Kondensation. Unter geeigneten Bedingungen (Seite 97) tritt in den Wirbelzöpfen Irisieren auf.

Dampf aus Schornsteinen beginnt erst in einer bestimmten Höhe zu kondensieren.

Langgezogene, fadenförmige Schornsteinfahnen weisen stets auf das Vorhandensein einer Inversion hin.

Dampfwolken aus Kühltürmen, Schornsteinen und Dampfkraftanlagen

Die Entstehungsweise von Dampfwolken aus Kühltürmen, Schornsteinen und Dampfkraftanlagen, zu denen selbstverständlich auch die guten alten Dampflokomotiven zählen, kommt der von Cumulus-Wolken sehr nahe, geht also im Wesentlichen auf Konvektion zurück.

Der ausströmende Wasserdampf ist stets wärmer als die umgebende Luft, sodass er zügig nach oben steigen kann. Durch Vermischen mit der Umgebungsluft, aber auch infolge von Aufsteigen (Seite 11), sinkt seine Temperatur rasch unter den Taupunkt. Dann setzt Kondensation ein und ab diesem Zeitpunkt wird die Dampfwolke sichtbar – und nicht früher (Seite 5)!

Man kann häufig beobachten, dass die Bildung der Dampfwolke erst ein ganzes Stück oberhalb der Kühlturm- oder Schornsteinöffnung einsetzt (Seite 155 unten). Denn erst dort ist das Wasserdampf-Luft-Gemisch so weit abgekühlt, dass es sein – wenn man so will – Kondensationsniveau erreicht.

Je trockener und wärmer die Umgebungsluft ist, desto höher liegt das Kondensationsniveau. Mit weiter fortschreitender Kondensation bilden sich ähnliche Mikrozirkulationen aus, wie wir sie von den Blumenkohl-Strukturen der Cumulus-Wolken (Seite 24) kennen. Da die Dampfwolken aus technischen Anlagen häufig vom Wind seitlich weggetragen werden, ordnen sich die entstehenden „Blumenkohl-Röschen“ in regelmäßigen Abständen zueinander an, sodass man sie (wie auf Foto Seite 155 oben) recht gut unterscheiden kann.

Das Bild auf Seite 156 zeigt den Schornstein eines Großkraftwerkes, der eine mächtige Dampffahne ausstößt. Das Auffällige daran ist jedoch, dass sich diese Fahne nicht vertikal ausbreitet und eine mächtige Mäanderform annimmt (wie auf Seite 158 oben), son-

Form von Schornsteinfahnen bei Inversionen

dern sich als nahezu gleich bleibend schmales Band durch das ganze Bild zieht. Leider kann das Foto nur einen Ausschnitt der Szenerie zeigen. In Wirklichkeit ist ihre flache Form noch viele Kilometer weit erhalten, bis sich die Fahne im Dunst der Ferne verloren hat.

Woher kommt dieses ungewöhnliche Ausbreitungsverhalten? An dem Tag, an dem das Foto aufgenommen wurde, lag eine mächtige und hoch reichende Inversion über dem Land. Die starke Temperaturzunahme mit der Höhe konnte jede Vertikalbewegung unterbinden (vergl. Seite 159).

Solche „abgeknickten" Dampfsäulen wie oben links sieht man, wenn sich – insbesondere während einer langanhaltenden Hochdruck-Periode – eine mächtige Inversion aufgebaut hat. In solchen Fällen regt sich manchmal tagelang kaum ein Lüftchen. Der aus dem Kühlturm quellende Dampf kann deshalb kerzengerade in die Höhe steigen. Dabei kühlt er sich langsam bis auf Lufttemperatur ab. Von diesem Zeitpunkt an hat er natürlich keinen Auftrieb mehr. Schiebt aber von unten ständig weiterer Wasserdampf nach, so kann er sich nur nach der Seite ausbreiten. Das heißt mit anderen Worten, die Fahne wächst, der nur schwachen Luftbewegung folgend, in horizontaler Richtung weiter. Nach außen hin manifestiert sich dieser Vorgang durch einen scharfen, rechtwinkligen Knick in der Dampfwolke. Im Prinzip ist das der gleiche Vorgang, der uns auch bei der Entstehung von Ambosswolken (Seite 22) schon begegnet ist.

Wenn eine Inversion die Ausbreitung einer **Dampffahne** in vertikaler Richtung unterbindet, dann stellt sich natürlich die Frage nach einer Ausbreitung in horizontaler Richtung. Hier liegen die Verhältnisse nun allerdings ganz anders: Seitlich erfolgt nämlich eine sehr rasche Ausbreitung. Die von einer Emissionsquelle ausgehenden Luftbeimengungen

Form der Schornsteinfahne bei durchschnittlicher Abnahme der Lufttemperatur mit der Höhe

breiten sich deshalb in Form eines waagerecht liegenden, flachen, sich strömungsabwärts immer weiter seitlich öffnenden Fächers aus. Auf dem Foto Seite 157 rechts zeigt sich die Fächerform der Wasserdampf-Wolke sehr deutlich. In der Umweltmeteorologie bezeichnet man solche Wolken aus naheliegenden Gründen als **Fanning-Wolken** (engl. *fan* = Fächer). Es muss aber darauf hingewiesen werden, dass es sich dabei um eine inoffizielle Bezeichnung handelt, die nicht zur Systematik der Wolkenklassifikation gehört.

Ein einziger Blick genügt, um zu sehen: Auf dem Bild oben haben wir es mit ganz anderen atmosphärischen Verhältnissen zu tun. Die Dampfwolke, die aus diesem Schornstein quillt, zeigt ein heftiges Auf und Ab. Sie bewegt sich in Form immer größer werdender Mäander, wird rasch durchsichtiger und löst sich nach kurzer Zeit auf. Hier werden Vertikalbewegungen offensichtlich in keiner Weise behindert. Man sieht der Dampfwolke sogar in der Momentaufnahme noch ihre bewegte Dynamik an.

Im vorliegenden Fall geht die Lufttemperatur mit der Höhe rasch zurück. In solchen Fällen werden Vertikalbewegungen nicht eingeschränkt: Die Dampfwolke kann sich ungehindert nach oben und nach unten ausbreiten und sich dabei innerhalb kurzer Zeit auflösen. Man bezeichnet eine solche Fahne als **Looping-Wolke** (engl. *loop* = Schleife).

Zwischen der Fanning-Wolke und der Looping-Wolke gibt es vielfältige Zwischenformen, die mehr oder weniger keulenförmig aussehen. Sie werden als **Coning-Wolken** (engl. *cone* = Keule) bezeichnet.

Die Formen der Dampfwolken aus Schornsteinen lassen stets wertvolle lufthygienische Schlüsse zu. Nehmen sie die Fanning-Form an, darf man stets auf das Vorhandensein einer Inversion schließen. Da Inversionen Vertikalbewegungen unterdrücken, können Luftverunreinigungen bei einer solchen Situation nicht oder nur schwer nach oben verdünnt werden. Hält die Inversion länger an, so kann es zu einer zunehmenden Verschmutzung der Luft kommen. Die berüchtigten Smogkatastrophen, die London in den 1950er-Jahren immer wieder heimgesucht haben, wurden stets von langanhaltenden Inversionswetterlagen herbeigeführt.

Looping-Wolken dagegen sind ein Indiz für eine gut durchmischte Atmosphäre mit sauberer Luft, weil sämtliche Verunreinigungen rasch nach oben verdünnt werden.

Vorsicht ist allerdings geboten, wenn sich Looping-Wolken aus sehr hohen Schornsteinen bilden. In solchen Fällen könnte dennoch eine flache, bodennahe Inversion vorhanden sein. Schornsteine werden nämlich aus Gründen des Umweltschutzes üblicherweise so hoch gebaut, dass sie ihre Emissionen oberhalb regelmäßig vorhandener Bodeninversionen ausstoßen.

Für besonders Interessierte sei hier noch kurz erklärt, warum mit der Höhe zunehmende Temperatur (Inversion) Vertikalbewegungen verhindert, mit der Höhe abnehmende sie jedoch fördert.

Auf Seite 21 haben wir erfahren, dass sich ein Luftpaket, das in die Atmosphäre hochgehoben wird, je 100 m Höhenzunahme um 1 Grad abkühlt. Umgekehrt erwärmt es sich um den gleichen Betrag, wenn es aus der Höhe heruntergeholt wird. Für die freie Atmosphäre gilt diese Regel allerdings nicht. Dort muss die Temperaturschichtung keineswegs so sein, dass es nach oben hin immer kälter wird. Es kann auch – und das ist gar nicht so selten – mit der Höhe wärmer werden. Man spricht dann von einer Inversion. Welche Temperaturschichtung sich einstellt, entscheiden die großräumigen Luftströmungen, die auch unser Wetter bestimmen.

Versuchen wir einmal, uns klarzumachen, was mit einem Luftpaket passiert, das z. B. von einem Wirbel (Seite 16) in die Höhe geschubst wird. Im einen Fall soll die Temperatur der umgebenden Luft mit der Höhe zu-, im anderen Fall

Entstehung von Fanning- und Looping-Wolken

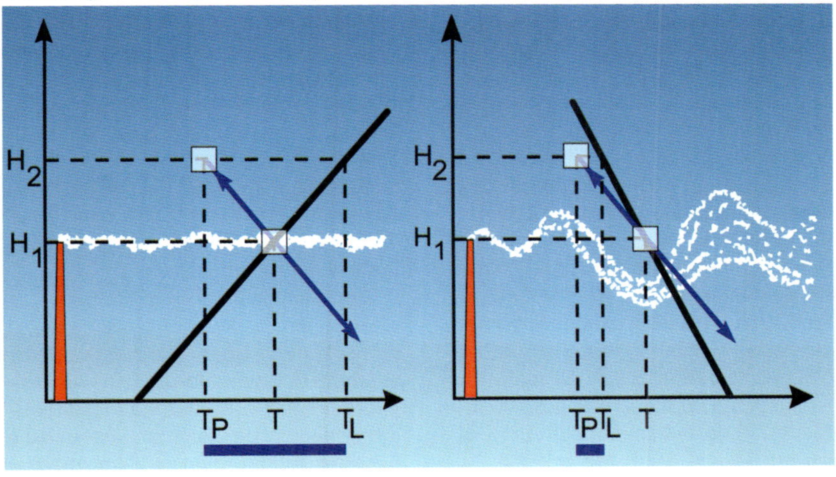

Eine Inversion macht sich durch Dunst und Luftverunreinigungen bemerkbar.

abnehmen. Für unsere Überlegungen nutzen wir die Grafik Seite 159, in der wir zunächst den linken Bildteil betrachten. In der Waagerechten ist die Temperatur, in der Senkrechten die Höhe aufgetragen. Die durchgezogene schwarze Linie soll die Temperatur-Höhenkurve in der Atmosphäre darstellen. Man sieht, die Temperatur steigt mit der Höhe; es liegt also eine Inversion vor.

Links im Bild sehen wir einen Schornstein der Höhe H_1, aus dem kondensierter Wasserdampf entweicht. Daraus ausgeschnitten denken wir uns ein Luftpaket. In der Abbildung ist dies in Form eines Quadrats vergrößert dargestellt und weiß-durchscheinend eingefärbt. Es hat die Temperatur T. Diesem Paket werde nun von einem Windwirbel ein Stoß nach oben versetzt, der es bis in die Höhe H_2 treibt. Während es nach oben gleitet, kühlt es sich, dem blauen Pfeil folgend, um je 1 Grad pro 100 m (Seite 21) ab und kommt mit der Temperatur T_P in H_2 an. In dieser Höhe herrscht in der umgebenden Luft die viel höhere Temperatur T_L. Die Temperaturdifferenz zwischen dem Luftpaket und der freien Atmosphäre ist durch den blauen Balken unter der Temperaturskala dargestellt.

Da kalte Luft bekanntlich schwerer ist als warme Luft, wird unser Paket rasch wieder zurücksinken. Wie weit? Sicher kaum tiefer als bis zum Ausgangsniveau, nämlich der Höhe H_1. Denn, würde es tiefer sinken, dann wäre es, wie der blaue Pfeil nach rechts unten zeigt, rasch wärmer als seine Umgebung und würde wie ein Heißluftballon aufsteigen, natürlich nur bis H_1, denn sonst würde sich der soeben geschilderte Ablauf wiederholen.

Zusammenfassend kann man, sehr plakativ, sagen: Jedes Luftpaket aus einer Schornsteinfahne, das es wagen sollte, seine Höhe zu verlassen, wird mit eiserner Faust auf sein Ausgangsniveau zurückgeholt. Die Folge ist, dass sich die Schornsteinfahne, wie auf Seite 156 zu sehen, oft viele Kilometer weit als gleichbleibend dünner Faden hinzieht.

Das Gleiche gilt natürlich auch für jedes andere Luftpaket. Die Folge ist, dass alle in die Luft abgelassenen Gase sich **nicht** in vertikaler Richtung verdünnen können und sich somit anreichern.

Wie stark sich in Inversionen **Luftverschmutzungen** anreichern können, zeigt das Bild oben. Wir blicken vom Gipfel des etwa 1700 m hohen Herzogstandes, einem der bekanntesten bayerischen Berge, ins Voralpenland hinaus. Es ist später Oktober und das langanhaltende **Altweibersommer-Hoch** hat eine ungefähr 1500 m mächtige Inversion entstehen lassen. In ihr haben sich Unmengen an Wasserdampf, Stäuben und Aerosolen angesammelt, sodass sie wie eine trübe schmutzige Brühe das gesamte Voralpenland überdeckt. Oberhalb der beinahe messerscharfen Inversionsobergrenze jedoch wölbt sich der blaue Himmel wie frisch gewaschen.

Ein ganz anderes Verhalten zeigen vertikal verschobene Luftpakete bei einer Temperaturabnahme in der freien Atmosphäre. Dazu betrachten wir jetzt den rechten Bildteil der Grafik auf Seite 159. An der durchgezogenen schwarzen Linie erkennt man, dass die Temperatur in der freien Atmosphäre mit der Höhe fast genauso schnell sinkt wie die des Luftpaketes. Damit wird das Luftpaket – selbst in größeren Höhen – nur geringfügig schwerer als die Umgebungsluft: Der kurze blaue Balken zeigt es. Und damit bleibt auch die Kraft, die das Paket auf das Ausgangsniveau zurückholen will, sehr bescheiden. Die Folge: Unser nach oben geschubstes Luftpaket kann mächtige Auslenkungen erfahren, ehe es wieder zurückgeholt wird und kann tief nach unten absacken, ehe es wieder zum Aufsteigen gezwungen wird. Nach außen hin macht sich diese fast uneingeschränkte vertikale Bewegungsmöglichkeit durch gewaltige mäandernde Bewegungen der Schornsteinfahne bemerkbar. Sie führen auch dazu, dass alle aus dem Schornstein ausströmenden Gase rasch verdünnt werden – die Luft also nicht mit Verunreinigungen angereichert wird (vgl. Bild Seite 158).

Wolkenbildungen bei Föhn

Fragen wir das Lexikon nach dem Begriff Föhn, so bekommen wir zunächst eine wenig aufschlussreiche Antwort: Der Name komme vom lateinischen Wort *favonius*, was soviel wie Frühlingswind bedeute. Er sei ein warmer, trockener Fallwind, der von typischen Wolkenformen begleitet werde.

Schauen wir uns doch diesen Steckbrief etwas genauer an und beginnen wir mit den „typischen Wolkenformen". Wir werden dabei einer ganzen Reihe von interessanten Zusammenhängen begegnen.

Die Föhnwolken

Föhn entsteht immer dann, wenn sich ein Tiefdruckgebiet von Westen dem europäischen Festland nähert. Tiefdruckgebiete sind nichts anderes, als riesengroße Luftwirbel, die um eine senkrechte Achse gegen den Uhrzeigersinn rotieren. Wenn sich ein solches Gebilde von Westen nähert, stößt es zunächst mit seiner Ostseite, die auch als Vorderseite bezeichnet wird, auf den Alpenbereich. An ihr herrscht eine südnordwärts gerichtete Luftströmung.

Auf diese Weise wird Mittelmeerluft gezwungen, über die Alpen zu strömen. Und dieses Überströmen der Alpenbarriere ist es, was einen gewöhnlichen Südwind zum Föhn macht. Bis die berühm-

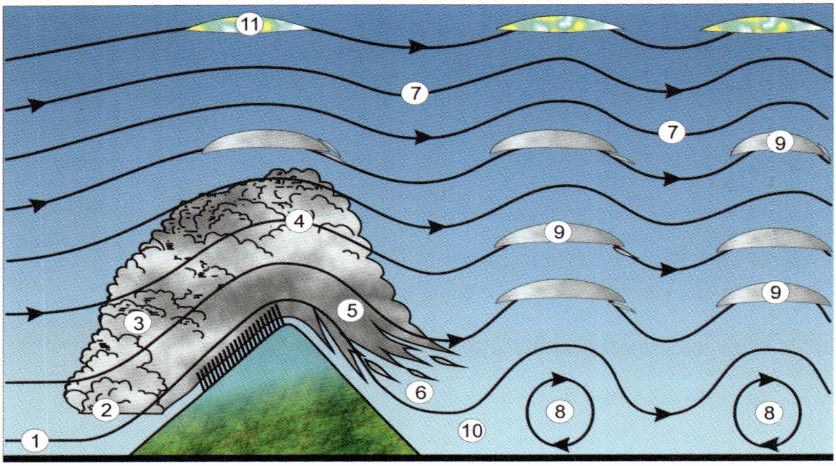

Entstehung der Föhnbewölkung

ten **Föhnfische**, also die eigentlichen Föhnwolken entstehen, müssen jedoch erst mehrere sehr unterschiedliche Entwicklungsphasen durchlaufen werden – jede von ihnen begleitet von typischen Wolkenformen. Die Grafik auf dieser Seite zeigt, in welchen Phasen der Überströmung welche Wolkenbildungsprozesse ablaufen.

Staubewölkung

Föhnmauer

Staubewölkung beim Aufgleiten

Beginnen wir mit unseren Betrachtungen südlich der Alpen, wo wir von milder und vom Mittelmeer angefeuchteter Luft umgeben sind. Diese soll nun von unserem Tiefdruckwirbel erfasst und nach Norden gegen die sich gewaltig auftuenden Alpen gedrückt und über ihre Südflanke hinaufgeschoben werden ①.

Wie wir wissen (Seite 20), kühlt sich Luft beim Aufsteigen ab. Da kühle Luft nicht so viel Wasserdampf mit sich führen kann wie warme (Seite 5), wird sie bald die Taupunkttemperatur erreichen und es wird zur Wolkenbildung kommen ②. Man bezeichnet diese sehr anschaulich als **Staubewölkung**.

Natürlich stellt sich sofort die Frage nach der Art der entstehenden Wolken. Da wir es mit ganz normalen Windgeschwindigkeiten zu tun haben, dürfen wir davon ausgehen, dass die Luft vorerst nicht in einzelne Luftpakete zerrissen, sondern als zusammenhängende Luftschicht langsam aber stetig über die Alpenhänge hinaufgeschoben wird. Damit sind in erster Linie ausgedehnte, gleichmäßige, schichtförmige Wolkenfelder zu erwarten.

Die Südflanke der Alpen besteht aber keineswegs – wie in unserer Grafik idealisiert dargestellt – aus einer einzigen, glatten Ebene, sondern aus einer Vielzahl von zerfurchten Hängen, Bergkämmen und zerklüfteten Felsen.

Infolge dieser Geländerauigkeit, aber auch meteorologischer Vorgänge, kommt es im Lauf des Aufgleitens regelmäßig zu Turbulenzen (Seite 14) und Konvektionen (Seite 12), die eine Vielzahl von einzelnen Luftpaketen entstehen lassen. Daher schießen aus der Aufgleitbewölkung verbreitet Cumulus-förmige Wolkenstrukturen heraus ③.

Da während des Aufgleitens ständig neuer Wasserdampf kondensiert, kann die Staubewölkung unter Umständen mehrere Tausend Meter mächtig werden. Wie tourismusfeindlich sie sich präsentieren kann, zeigt das Foto auf Seite 162.

Staubewölkung aus der Flugzeugperspektive betrachtet

Föhnmauer

Wegen ihrer Mächtigkeit ragt die Staubewölkung oft als gewaltiges Wolkengebirge über die Gipfelregion des Alpenhauptkammes hinaus. Unter Umständen bildet sie eine viele Kilometer breite, sogenannte **Föhnmauer** entlang den Gebirgszügen der Alpen ④. Obwohl die Föhnmauer eine relativ homogene Wolkenmasse darstellt, trägt sie oft an ihrer Oberseite noch gut erkennbare Cumulus-Strukturen. Mächtige Föhnmauern tauchen die Nordhänge der vorgelagerten Berge nicht selten in tiefen Schatten, sodass diese – dann nur noch vom Himmelsblau beleuchtet – eine dunkle, bedrohlich wirkende Gestalt annehmen können (siehe Seite 163).

Abgleitbewölkung

Nach dem Überschreiten des Alpenhauptkammes geht es über die Nordhänge wieder hinunter – wie bei einem Wasserfall.

Dieses wasserfallartige Verhalten ⑤ der Bewölkung lässt sich zwar schon in der Momentaufnahme eines Fotos (Seite 165 unten) deutlich erkennen: Die Wolken sehen tatsächlich wie herabstürzende Wassermassen aus. Beobachtet man ihre Bewegung aber in einem Zeitrafferfilm, so ist das selbst für den erfahrenen Profi ein Erlebnis.

Da sich die abgleitende Luft zügig erwärmt, werden die mitgeführten Wolkenmassen rasch dünner und dünner und lösen sich zum Schluss vollständig auf ⑥.

Dass dabei Auflösungsstrukturen wie bei den großflächigen Absinkvorgängen im Inneren eines Hochdruckgebietes entstehen, ist selbstverständlich. Schließlich sind die letzten Wolkenreste verschwunden und man könnte meinen, der Föhnvorgang sei zu Ende.

Typische Föhnwolken, sogenannte Föhnfische

Beginnendes Abgleiten

Leewellen und die Bildung der Föhnfische

Wenn es keine Tropopause (Seite 22) gäbe, wäre mit der Auflösung der Wolken der Föhnvorgang beendet. Tatsächlich aber wird die südlich der Alpen etwa 10 km mächtige Luftschicht beim Überströmen der Alpen auf 7 km (Tropopausenhöhe [10 km] minus Höhe der Alpengipfel [3 km]) zusammengedrückt. Ihr Strömungsquerschnitt wird also um fast ein Drittel verringert. Damit muss im Alpenbereich die Strömungsgeschwindigkeit erheblich ansteigen. Spitzenwerte bis 150 km/h sind im Hochgebirge daher keine Seltenheit.

Was passiert, wenn ein starker oder stürmischer Wind gegen die Flanken von Gebirgen bläst und die Luft förmlich in die Höhe jagt, das haben wir schon auf Seite 18) erfahren. Es entstehen Leewellen ⑦. Beim Föhn werden diese durch bestimmte Strömungsvorgänge noch modifiziert. Auf diese Weise entstehen mächtige Wellen mit so großen Amplituden, dass sie im Alpenvorland bis zum Erdboden herunterreichen. Dort kann es auch zur Ausbildung stationärer Wirbel mit waagerechter Rotationsachse kommen, sogenannte **Rotoren** ⑧. Auf diese Weise erklärt sich, warum an bestimmten Stellen der Wind am Boden entgegen der allgemeinen Strömungsrichtung Süd-Nord von Norden nach Süden streicht.

An den höchsten Punkten der Wellen bilden sich dann die berühmten **Föhnfische** ⑨ aus, wie auf Seite 19 beschrieben und auf Seite 165 oben abgebildet. Sie gehören zum Wolkentyp **Altocumulus lenticularis** (Seite 37). Dieser Wolkenbildungsprozess kann sich noch an vielen weiteren Wellenbergen wiederholen. Deshalb reiht sich meist eine lange Folge von Föhnfischen in regelmäßigen Abständen auf – bis weit ins Alpenvorland hinaus.

Unter passenden Feuchteverhältnissen entstehen auch zwei oder mehrere dieser überaus markanten Wolken un-

Moazagotl-Wolken

Föhn kann eine ganz eigene, manchmal durchaus melancholische Stimmung erzeugen.

mittelbar übereinander. Man nennt sie **Moazagotl-Wolken** (Seite 91). Der Grund dafür ist, dass in der Atmosphäre die Luftfeuchtigkeit unterschiedlich geschichtet sein kann. Das heißt, es können feuchtere und trockenere Schichten übereinander liegen. Dadurch können in jeder feuchten Schicht unabhängig voneinander Föhnfische entstehen und so ein „gestapeltes Paket" bilden.

Zwar erscheinen die ersten Lenticularis-Wolken oftmals schon oberhalb der Föhnmauer, ein regelmäßiges Wolkenmuster bildet sich jedoch meist erst in einiger Entfernung vom Alpenrand aus. Auf diese Weise entsteht ein schmaler, wolkenfreier Streifen ⑩zwischen der Abgleitbewölkung und den regelmäßig angeordneten Föhnfischen. Er wird als **Föhnlücke** bezeichnet.

Die föhnbedingten Leewellen können so ausgeprägt sein, dass man noch bis 100 km vom Alpenrand entfernt lenticularis-ähnliche Wolkenstrukturen beobachten kann.

In gar nicht so seltenen Fällen sieht man im nördlichen Alpenvorland auch bei einer echten Föhn-Wetterlage keine Föhnfische am Himmel, sondern eine durchgehende Stratus-Schicht. Und von der milden Föhnluft merkt man auch nichts. Dann liegt eine zähe Kaltluftschicht über dem Alpenvorland, die an ihrer Obergrenze eine durchgehende Wolkenschicht ausgebildet hat. Das Bild auf Seite 168 oben zeigt einen Blick auf eine solche Wolkenschicht. Erst wenn der Föhn mächtig genug wird, die Kaltluft wegzublasen, bricht er bis zum Boden durch und gibt den Blick frei auf einen typischen Föhnhimmel (Seite 168 unten).

Unter bestimmten, relativ seltenen Bedingungen kann es passieren, dass die Leewellen erzeugenden Luftschwingungen bis in Höhen von 20 oder gar 30 km reichen. Dann bilden sich **Perlmutterwolken** aus. Näheres über diese Besonderheit des Wolkenhimmels finden Sie auf Seite 145.

Föhn über einer Talinversion

Voll entwickelter Föhn

Föhn kommt auf, darauf sei nochmals hingewiesen, wenn sich von Westen ein Tiefdruckgebiet nähert, das auf seiner Ostseite Luft von Süden über die Alpen schiebt. Hat das Zentrum des Tiefdruckgebietes Mitteleuropa erreicht, so kommt der Alpenraum zunächst in dessen west-östlich, später in den nord-südlich gerichteten Strömungsast. Damit kehren sich die Wetterverhältnisse um: In Bayern, wo vorher Föhn geherrscht hatte, gibt es nun Stau und in Oberitalien spielen sich föhnige Vorgänge ab. Meist ist der Übergang vom Föhn zum Stau ziemlich abrupt, sodass man vom **Zusammenbruch des Föhns** spricht. Dabei kommt es oft zu eindrucksvollen Himmelsbildern. Das Foto auf Seite 169 versucht einen kleinen Eindruck von diesem Schauspiel zu vermitteln.

Warum der Föhn ein warmer und trockener Wind ist

Dass der Föhn im bayerischen Alpenvorland wärmer ankommt, als er im Mittelmeerraum gestartet ist, mag zunächst nur schwer vorstellbar sein. Ein kleines, einfaches Rechenexempel liefert uns mithilfe der Abbildung auf Seite 162 die Erklärung.

Da es nur um das Prinzip geht, tun wir so, als ob sowohl das südliche als auch das nördliche Alpenvorland *auf Meeresniveau*, also 0 Meter Höhe liegen würden. Denken wir uns, dass die Luft südlich der Alpen ① 20 °C warm sei und eine relative Luftfeuchte von 60 % habe. Diese Luft wird nun von einem beständigen Wind über die südlichen Alpenhänge ③ hinaufgeschoben. Aus der Tabelle auf Seite 13 können wir entnehmen, dass in diesem Fall das Kondensationsniveau ② in einer Höhe von etwa 980 m,

Föhnzusammenbruch am Wendelstein

also rund 1000 m liegt. Bei einer Abkühlungsrate von 1 Grad pro 100 Höhenmetern (vgl. Seite 21) herrscht dort eine Temperatur von etwa 10 °C, wie sich leicht berechnen lässt:

20 °C – (1000 m × 1 Grad/100 m)
= 10 °C.

Wie wir von Seite 21 wissen, sinkt die Lufttemperatur beim weiteren Aufgleiten nur noch um 0,5–0,7 Grad pro 100 m. Rechnen wir der Einfachheit halber mit einem Wert von 0,6 Grad pro 100 m. Dann wird sich die Luft bis zur Gipfelregion der Alpen, also in ungefähr 3000 m Höhe, auf rund –2 °C abgekühlt haben. Berechnung:

10 °C – ((3000 m – 1000 m) ×
(0,6 Grad/100 m)) = rund –2 °C.

Nehmen wir nun – wieder vereinfachend – an, dass auf der Alpensüdseite der gesamte in der Luft vorhandene Wasserdampf kondensiert und ausregnet (////). Dann können wir – nochmals vereinfacht – auf der gesamten Alpennordseite: (⑤, ⑥, ⑩) mit wolkenfreier Luft rechnen. (Bitte beachten: In der Abbildung auf Seite 162 ist diese Vereinfachung im Bereich ⑤ zeichnerisch nicht vorgenommen). Wolkenfreie Luft erwärmt sich konsequenterweise beim Abgleiten genauso um 1 Grad je 100 Höhenmeter, wie sie sich beim Aufgleiten – vor dem Beginn der Kondensation – um 1 Grad je Höhenmeter abgekühlt hat. Unsere Luft wird also im bayerischen Alpenvorland ⑩ mit einer Temperatur von rund 28 °C ankommen; Berechnung:

–2 °C + (3000 m × 1 °C/100 m)
= 28 °C

und ist damit um 8 Grad wärmer als sie im Mittelmeerraum gestartet ist.

Der entscheidende Grund für die Erwärmung ist also, dass sich der Föhn während eines erheblichen Teils der Aufstiegsphase nur um rund 0,6 Grad je 100 m abkühlt, aber während der gesamten Abstiegsphase um 1 Grad je 100 m erwärmt.

Aus dem oben Gesagten ergibt sich auch zwangsläufig, dass der Föhn ein trockener Wind ist. Da der größte Teil des Wasserdampfes aus der Mittelmeerluft auf der Alpensüdseite ausregnet, kommt die Luft im nördlichen Alpenvorland mit einem sehr geringen Feuchtigkeitsgehalt an. Bei unserem gerechneten Beispiel würde die relative Luftfeuchte in Oberbayern nur 14 % betragen. In der Praxis sind die Werte zwar üblicherweise höher, relative Feuchten bis unter 30 % sind aber keine Seltenheit.

Die große Lufttrockenheit ist es auch, die zu der bei Föhn im bayerischen Oberland üblichen guten Fernsicht führt.

Macht Föhn krank?

Wenn über Föhn gesprochen wird, darf die Frage, ob Föhn krank macht, nicht ausgeklammert bleiben. Deshalb wenigstens eine kurze Anmerkung dazu. Die oft beklagten Befindensstörungen hängen möglicherweise mit den Vorgängen zusammen, die auch die Föhnwolken entstehen lassen. Sie lösen Luftdruckschwingungen aus, vergleichbar dem Schall, aber mit tieferen Frequenzen, die wir nicht hören können, sogenanntem **Infraschall**. Obwohl er von unseren Ohren nicht wahrgenommen wird, erreicht er doch unser zentrales Nervensystem und kann dort möglicherweise Befindensstörungen auslösen.

Unter Fachleuten wird allerdings noch eine andere Erklärung diskutiert. Wird eine Luftmasse durch eine andere abgelöst, dann treten an der Luftmassengrenze sogenannte **Sferics** auf. Das sind kleine elektrische Entladungen zwischen Wolkenbereichen mit positiver und solchen mit negativer elektrischer

Ladung: Eine Art winziger Blitze, jedoch ohne Leuchterscheinungen und ohne Donner. Wie die richtigen Blitze senden auch die Sferics elektromagnetische Stoßwellen aus, auf die unser zentrales Nervensystem sehr sensibel reagiert. Da es innerhalb der Föhn auslösenden Tiefdruckgebiete stets Luftmassengrenzen (sogenannte Fronten) gibt, ist diese Erklärung durchaus plausibel.

Einige Wissenschaftler lehnen einen Zusammenhang zwischen Föhn und Wohlbefindensstörungen allerdings gänzlich ab.

Eines indes scheint festzustehen: Föhn macht nicht krank! „Er kann jedoch bei entsprechend disponierten Menschen die Erscheinungen, zu denen sie ohnehin neigen, früher auslösen oder verstärken", sagt der Münchener Medizinmeteorologe Walter Sönning (2015).

Die moderne Föhntheorie

Es darf nicht verschwiegen werden, dass mit der hier vorgestellten Entstehungsweise des Föhns nicht alle dabei auftretenden Phänomene ausreichend erklärt werden können. Beispiele dafür sind die teilweise extremen Windgeschwindigkeiten in den Gipfelregionen und an den Leehängen. Beobachtungen zeigen überdies: Es gibt heftigen Föhn auch ohne Stauniederschläge.

Die Föhnluft, das haben Messungen ergeben – stammt weniger aus bodennahen Schichten, sondern vielmehr aus Höhen oberhalb 2000 m. Heute versucht man, die Föhnströmung mit den recht

Tornadorüssel

komplizierten Gesetzen der Flachwasserdynamik zu erklären. Dass in diesem Buch die klassische Föhntheorie vorgestellt wurde, verfolgt die Absicht, die Zusammenhänge so anschaulich und verständlich wie irgend möglich zu erklären.

Weitere Wolkenphänomene

Tornadorüssel

Tornadorüssel entstehen auf ähnliche Weise wie die Wirbelzöpfe an Flugzeug-Tragflächen (Seite 154). Sie bestehen aus einem mit extrem hoher Geschwindigkeit – bis über Schallgeschwindigkeit! – rotierenden, aus dem Gewölk herunterhängenden **Luftschlauch**. Die von der Rotation hervorgerufene Zentrifugalkraft verursacht im Inneren des Luftschlauches einen drastischen Luftdruckabfall, der seinerseits einen erheblichen Temperaturrückgang (Seite 11) bewirkt. Dadurch kommt es zur Kondensation des gerade bei Tornadosituationen in reichem Maße vorhanden Wasserdampfes, wodurch der Rüssel als eine grauschwarze, schnell rotierende Wolke sichtbar wird.

Andererseits saugt der Unterdruck im Inneren des Rüssels alles nicht niet- und nagelfeste Material vom Boden aus in sich hinein und verrät auch damit seine Existenz.

Der Unterdruck im Inneren von Tornados ist es, der diese Wirbelstürme so gefährlich macht: Denn zieht ein Tornadoschlauch über ein Gebäude hinweg, so sackt der Außenluftdruck plötzlich ab, während der Druck im Innern des Gebäudes, insbesondere bei geschlossenen Türen und Fenstern, nur langsam zurückgehen kann. Dadurch herrscht im Haus ein enormer Überdruck, der Dächer, Wände, Türen und Fenster wie bei einer Explosion auseinanderreißen kann. Ein kleiner Vergleich soll dies verdeutlichen: Geht der Luftdruck um

Über dem eigenen Standort scheint die Bewölkung stets lockerer zu sein als in der Ferne.

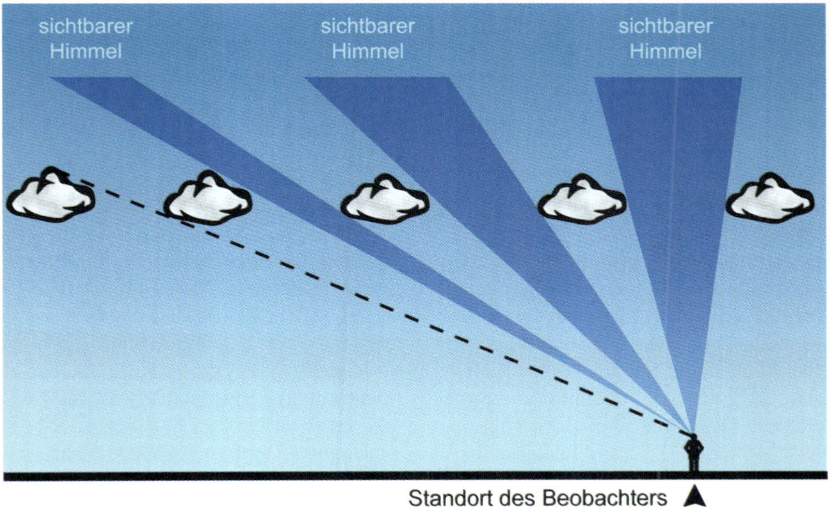

Silhouetteneffekt

Dünne Wolken können dunkler sein als mächtig entwickelte.

100 mbar, also um 10 % seines Normalwertes zurück, so zerrt an einem 100 m^2 großen Flachdach die gleiche Kraft, als wenn eine 100 t schwere Masse daran ziehen würde.

Silhouetteneffekt

Betrachtet man einen völlig gleichmäßig mit Cumulus-Wolken übersäten Himmel, so hat man den Eindruck, über dem eigenen Standort sei die Bewölkung stets lockerer als zum Horizont hin. Auch das Foto Seite 173 oben zeigt über dem Beobachtungsstandort relativ viel blauen Himmel, der in der Ferne immer spärlicher wird und schließlich völlig verschwindet. Der Grund für diese Fehleinschätzung liegt, wie die Grafik zeigt, darin, dass der zwischen den Wolkenbänken sichtbare Himmelsstreifen umso schmaler wird, je weiter die Wolken entfernt sind, bis er schließlich ganz verschwindet. Eine Wolke, die sich genau über dem Beobachter befindet, verdeckt nur den Teil des Himmels, der ihrer Grundfläche entspricht. Mit zunehmender Entfernung trägt aber auch ihre Höhe mehr und mehr zur Wolkensilhouette bei, wodurch immer größere Himmelsflächen abgedeckt werden. Bei höher entwickelten Wolken stellt sich dieser Effekt natürlich schneller ein als bei flachen.

Helligkeit von Wolken

Auf dem Bild auf Seite 173 unten sieht man im Hintergrund eine mächtig entwickelte Cumulus-congestus-Wolke und vor ihr einen weder sehr hohen noch sehr dichten Cumulus mediocris. Die Helligkeit der beiden Wolken steht allerdings im krassen Gegensatz zu ihren jeweiligen Eigenschaften. Der dünne, für das Licht der Sonne gut durchlässige Mediocris erscheint bedeutend dunkler als der mächtige und dichte Cumulus congestus, der in seinem Inneren sehr viel Sonnenlicht absorbiert (Seite 124).

Dieses – etwas überraschende – Phänomen ist so häufig, wie seine Erklärung einfach ist: Das dünne, dunkle Gewölk liegt im Schatten anderer Wolken und wird damit von der Sonne nicht erhellt. Die Congestus-Wolke dagegen steht im vollen Sonnenlicht und erstrahlt daher weiß wie Schnee.

Es ist wichtig, sich klarzumachen, dass die beträchtliche Lichtabsorption in einer hoch entwickelten Wolke nur innerhalb und unterhalb der Wolke zu bemerken ist. Aus der Ferne betrachtet, erscheint sie (sofern die Wolke nicht gerade beschattet ist!) stets besonders hell. Diese Helligkeit trägt sogar wesentlich zur düster-bedrohlichen Stimmung unter der Wolke bei, denn das Licht, das an ihrer Oberfläche reflektiert wird, fehlt unter ihr.

„Wasser ziehende Sonne"

Auf Seite 10 haben wir einen durch Lichtstreuung hervorgerufenen Strahlenfächer gesehen. Genauso wie nach oben kann ein Streulichtfächer bei entsprechender Wolkenkulisse und ausreichend hohem Sonnenstand auch nach unten gerichtet sein. Der Volksmund spricht dann gern von der „Wasser ziehenden Sonne". Diese Bezeichnung zeugt – obwohl sie natürlich überhaupt nichts mit dem Ansaugen von Wasser zu tun hat – von einer guten Beobachtungsgabe unserer Altvorderen. Zu Phänomenen dieser Art kommt es nur in stark dunstiger, also wasserdampfreicher Luft. So dass es nach dem Auftauchen einer „Wasser ziehenden Sonne" häufig zu regnen beginnt. Für einen aufmerksamen Beobachter kann der Eindruck entstehen, dass die Sonne bei die-

„Wasser ziehende Sonne“

ser Erscheinung Wasser in die Luft saugt, das später in Form von Regen wieder fällt.

In Wirklichkeit hat die Tatsache, dass es nach einer „Wasser ziehenden Sonne“ relativ oft regnet, mit Aufgleitvorgängen (Seite 16) in der Atmosphäre zu tun. Dabei wird warme, feuchte Luft über einen Keil kalter Luft hinaufgeschoben und abgekühlt: Es kommt zur Vorkondensation (Seite 7) mit sehr dunstiger Luft, in der sich prächtige Lichtfächer ausbilden können.

Wolkenbildung an der Küste

Längs der Küste verläuft ein langgezogener Wolkenwall, während über dem Meer kein Wölkchen zu sehen ist.

Wie kommt dieses Wolkenbild zustande? Morgens ist die Luft über dem Festland und dem Wasser etwa gleich warm. Tagsüber erwärmt sich das Land rasch, während das Meer kühl bleibt (Seite 12). Dadurch beginnt die Festlandsluft – und nur diese – aufzusteigen (**Konvektion**; Seite 12). Als Ersatz für die nach oben verschwindende Luft wird vom Meer her Luft angesaugt: **Seewind** setzt ein.

Beim Aufsteigen kühlt sich die Luft ab und Wasserdampf-Kondensation setzt ein, die den Wolkenwall längs der Küste entstehen lässt.

Die über dem Festland aufsteigende Luft wird in der Höhe wieder auf die See hinaus gedrängt. Da der Seewind ständig Luft absaugt, wird die in der Höhe ankommende Luft zum Absinken gezwungen und rasch in den Seewind einbezogen. Beim Absinken erwärmt sich die Luft und die Wolken verschwinden. Deshalb bleibt es über dem Meer wolkenlos.

Wolkenwälle längs der Küste entstehen auch, wenn der Wind aufgrund der Großwetterlage vom Meer zur Küste gerichtet ist. Über dem glatten Meer erleidet die Luft kaum Reibung, über dem rauen Festland aber wird sie stark gebremst. So kommt sie über dem Meer

Wolken bei Seewind bzw. Küstenkonvergenz

schneller voran als über dem Festland. Das führt an der Küste zu einem Luftstau (**Küstenkonvergenz**). Ein Teil der Luft muss deshalb nach oben ausweichen und dabei bilden sich die küstenparallelen Wolken (siehe oben).

Matterhornwolke

Die Matterhornwolke gehört zum Matterhorn wie der Schnee zum Winter. Als mächtige Fahne hängt sie am Gipfel des wohl berühmtesten Berges der Alpen. Daher auch der Name solcher an vielen Bergen vorkommenden Wolken: „Bannerwolke".

In der Literatur finden sich unterschiedliche Erklärungen für ihr Entstehen. Sehr plausibel ist die folgende: Das Matterhorn überragt das umgebende Gebirge wie ein Turm. An ihm bilden sich deshalb ähnliche Leewirbel aus, wie wir sie vom Windkanal kennen (Seite 14). Der aufwärts gerichtete Strömungsast des Leewirbels führt feuchte Luft aus dem Tal unter Abkühlung über die Felsflanke nach oben. Wegen des hohen Feuchtigkeitsgehaltes kommt es schon bald zur Kondensation und zur Wolkenbildung.

Ist das Gipfelniveau erreicht, so wird die Wolke vom waagerechten Ast des Leewirbels erfasst. Er führt sie mit sich fort, zerrupft und zerreißt sie ähnlich wie einen Cumulus fractus (Seite 111) und zerrt sie schließlich wieder langsam in die Tiefe, wobei sie sich durch die Erwärmung auflöst.

Tagsüber verstärken konvektionsartige (Seite 12) Vorgänge das vom Leewirbel erzwungene Aufsteigen der Luft. Die riesige Südflanke des Berges wird – insbesondere bei wolkenarmem Wetter – durch intensive Sonnenbestrahlung spürbar erwärmt. Diese Erwärmung geht auch auf die ihm aufliegende Lufthaut über. Die erwärmte Luft setzt sich in einer Art Konvektion am Hang entlang nach oben in Bewegung und kurbelt damit die Rotation des Leewirbels noch zusätzlich an (Seite 14).

Matterhornwolke

Wolken über Berggipfeln

Auf Seite 178 links blicken wir aus dem Flugzeug auf ein Gebirgstal hinunter. Der Himmel ist wolkenlos, nur da und dort schweben ein paar flache Stratocumuli (Seite 100).

Interessanterweise sind diese exakt zu drei Wolkenstraßen angeordnet, die genau längs der Bergketten verlaufen. Mehr noch: Praktisch über jedem Gipfel steht eine einzelne Wolke.

Wie ist das zu erklären? Die geneigten Hänge der Berge erhalten mehr Sonnenstrahlung als die flachen Täler, denn die Sonne bescheint sie unter einem steileren Winkel. Ein Beispiel soll das verdeutlichen: Wenn die Sonne 60 Grad hoch über einer waagerechten Ebene steht, dann steht sie über einem 30 Grad (zu ihr hin) geneigten Hang senkrecht. Die waagerechte Ebene wird in diesem Fall – so kann man leicht berechnen – nur halb so stark bestrahlt wie der Hang. Dass die Sonnenwärme mit steiler werdendem Einfallswinkel zunimmt, erleben wir jeden Vormittag: Wenn die Sonne allmählich höher und höher steigt, wird es zunehmend wärmer.

Nur über den Berggipfeln haben sich Wolken gebildet.

Die Sonnenhöhe ist es auch (wenigstens zu einem wesentlichen Teil), die den Temperaturunterschied zwischen Sommer und Winter ausmacht.

Wenn die Berghänge wärmer werden als der Talboden, dann teilt sich diese Erwärmung auch der auf dem Hang aufliegenden Luft mit und es wird nicht lange dauern, bis sich die warme Hangluft langsam nach oben in Bewegung setzt. Dieser Vorgang ist uns auch bei der Entstehung der Matterhornwolke schon begegnet (Seite 176).

Wir können also sagen: Über den Hängen – aber nur über ihnen, nicht über dem flachen Talgrund! – setzt Konvektion ein, die über den Gipfeln Wolken entstehen lässt. Über dem Talboden – also zwischen den einzelnen Bergen – sinkt die von der Konvektion hochgehobene Luft wieder ab und es bleibt aus den bekannten Gründen wolkenlos.

Die Wolke erscheint im unteren Bereich rötlich, im oberen dagegen hellweiß.

„Himmelsleiter“

Nein, bei dem Bild auf Seite 178 unten rechts handelt es sich nicht um eine Freiluft-Inszenierung von „Hänsel und Gretel“, sondern um eine ganz zufällige Überlagerung von zwei Wolkensystemen, die das Bild einer Himmelsleiter entstehen lassen.

Die beiden Holme sind nichts anderes als zwei senkrecht am Himmel stehende, fast parallel verlaufende Kondensstreifen. Überlagert werden sie von einem Altocumulus undulatus (Seite 78), dessen Wellen genau im rechten Winkel zu den Kondensstreifen angeordnet sind, sodass die einzelnen Wolkenschollen wie die Sprossen der Leiter wirken.

Linke Seite: „Himmelsleiter“

Farbphänomene

Zum Abend hin kann man an mächtig entwickelten Cumulus-congestus- und erst recht an Cumulonimbus-Wolken häufig ein interessantes Farbphänomen beobachten: Die Wolken werden im unteren Teil vom einsetzenden Abendrot golden bis rötlich beleuchtet, während in ihrem oberen Teil die schneeweiße Färbung erhalten bleibt.

Woher kommt diese eigenartige Farbdifferenzierung? Zur Erklärung betrachten wir die Grafik auf Seite 180.

Dort sehen wir Sonnenstrahlen, die schräg von links oben in die Lufthülle der Erde eindringen. Das weiße Sonnenlicht enthält bekanntlich das ganze Farbenspektrum von Rot bis Blau. Beim Eindringen in die Erdatmosphäre trifft es auf die unendlich vielen dort herumschwirrenden Luftteilchen. In unserer

Grafik sind einige von ihnen herausgegriffen und vergrößert als graue Kugeln dargestellt.

Beim Auftreffen des Lichtes auf die Luftteilchen passiert etwas außerordentlich Interessantes: Die Luftteilchen spalten das weiße Licht der Sonne in seine Spektralfarben auf und verteilen die einzelnen Farben auf unterschiedliche Richtungen (Streuung). Während die rote Strahlung ihren Weg praktisch unverändert fortsetzt, wird die blaue fast vollständig zur Seite umgelenkt. Man nennt diesen Vorgang **Farbentrennung**.

Je nachdem von welchem Standort aus man die Farbentrennung in der Atmosphäre beobachtet, sieht man mehr blaues oder mehr rotes Licht. Der Beobachter auf der Erde sieht eine unermessliche Zahl von Luftmolekülen über sich, die scheinbar alle blaues Licht aussenden. Zusammen lassen sie den Eindruck eines riesigen, leuchtenden Gewölbes entstehen: den blauen Himmel. Den nach oben gerichteten Teil der blauen Strahlung sieht man natürlich nur vom Weltraum aus. Er bewirkt den bläulichen Schimmer, mit dem der gesamte Erdball überzogen ist und der unsere Erde zum „Blauen Planeten" macht.

Morgens und abends bei tief stehender Sonne ist der Weg der Sonnenstrahlen durch die Atmosphäre länger

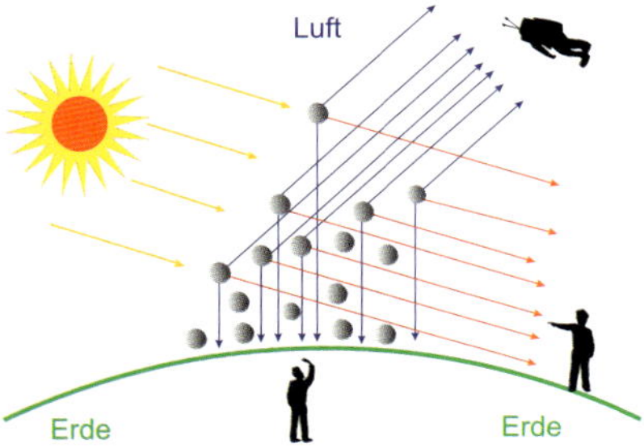

Farbphänomene bei Streuung

als mittags bei hoch stehender Sonne. Je länger der Weg ist, desto häufiger treffen die Strahlen auf Luftteilchen, desto mehr blaues Licht wird abgelenkt und desto kräftiger rot wird das verbleibende Licht. Man nennt diese Rotfärbung, die den ganzen Himmel und die umgebende Landschaft erfassen kann, je nach Tageszeit **Morgenrot** bzw. **Abendrot**.

Warum bleiben nun aber die oberen Teile der mächtig entwickelten Wolken weiß? Ganz einfach: Mit der Höhe nimmt die Zahl der Luftteilchen je 1 m^3 rasch ab: In 5500 m Höhe enthält die Luft nur noch halb so viele wie am Boden, in 11 km Höhe nur noch ein Viertel davon. Damit verblasst in den oberen Wolkenstockwerken die Farbentrennung sehr schnell und wird schließlich für unser Auge nicht mehr wahrnehmbar. Das Sonnenlicht bleibt deshalb weiß und damit auch die Wolken.

Die Zusammenhänge mussten hier sehr verkürzt dargestellt werden. Wer sich näher über diese Vorgänge informieren möchte, findet dazu Gelegenheit im Farbatlas Wetterphänomene (siehe Literaturverzeichnis).

Thermik

Was man unter Konvektion und unter Thermik versteht, wurde bereits auf Seite 11ff. erklärt. Hier sehen wir noch ein ausgewähltes Beispiel zum Thema Thermik. Wir blicken vom Gipfel des Schneibsteins im Berchtesgadener Land zur Südflanke des Hohen Gölls hinüber. Über ihr sehen wir – mit einiger Fantasie – vier putzmuntere „Wolkengeister" schweben, und wenn wir ganz viel Vorstellungskraft aufwenden, könnten wir sogar glauben, dass sie freundlich zu uns herüberwinken. Wie kommen solche Wolkenwesen zustande?

Thermikwolken

So bildet sich Thermik im Gebirge.

Um auf diese Frauge eine Antwort zu finden, gehen wir ein paar Schritte nach vorne bis zu den Gipfelkreuzen. Dort öffnet sich uns, wie auf dem zweiten Bild zu sehen, der Blick ein Stück weit ins Tal hinunter. Und damit wird schnell erkennbar, was dort drüben am Hang vor sich geht: Die Sonne scheint von einem wolkenlosen Himmel auf die weitgehend unbewachsene Felswand. Wo keine Pflanzen sind, gibt es auch keine energiezehrende Verdunstung. Bei starker Sonneneinstrahlung können sich deshalb auf dem nackten Fels eines Südhanges in dieser Höhe Temperaturen bis gut über 50 °C einstellen. Und natürlich tritt die Wärme des Bodens auch auf die umgebende Luft über und erhöht dabei deren Temperatur. Aber nur die Luft, die unmittelbar mit dem Fels in Kontakt steht, ist von der Erwärmung betroffen. Die Luft innerhalb des Tals – fern von der Felswand – bleibt viel kühler. Nun wissen wir von Seite 12 her, dass warme Luft leichter ist als kühle. Und das bedeutet: Die am Felsen erwärmte Luft beginnt in Form von Luftpaketen aufzusteigen und kühlt sich dabei ab.

Schließlich wird der Taupunkt unterschritten und es bilden sich Wolken. Auf dem unteren Bild kannn man gut erkennen, in welcher Höhe das Kondensationsniveau liegt. Oberhalb dieser Grenzlinie zeigen sich die Luftpakete mit dem kondensierten Wasserdampf in Form von vielfältig geformten Wolkenballen. Da jedes aufquellende Luftpaket schneller steigt als sein Vorgängerpaket, bilden sich schließlich zusammenhängende Wolkensäulen, die als „Wolkengeister zu uns herüberwinken".

Winken wir ihnen zurück und freuen wir uns, dass wir gelernt haben, wer sie sind und woher sie kommen!

Mit diesem farbenprächtigen Sonnenuntergang geht unsere Bilderreise durch die Welt der Wolken zu Ende. Das Foto zeigt noch einmal, was alles zum Wetter dazugehört: Sonne, Wolken und Regen: sei es als prasselnder Schauer oder – wie hier – als Bündel von Fallstreifen, die den Boden überhaupt nicht erreichen.

Unser Professor in München, der schon mehrfach zitierte Fritz Möller, hat uns ermuntert, uns einen Nachmittag lang ins Gras zu legen und dabei die Entwicklung und den Zug der Wolken zu verfolgen. Diese Empfehlung möchte ich an Sie weitergeben – nicht jedoch, ohne diese mit einem Hinweis aus eigener schmerzlicher Erfahrung heraus zu ergänzen: Passen Sie auf, dass Sie sich dabei keinen Sonnenbrand zuziehen und keinen Hexenschuss oder Zeckenbiss holen! Und noch ein Tipp: Nehmen Sie ihre Kamera mit. Sie werden staunen, nach wie kurzer Zeit schon ein dickes Album, voll mit den prächtigsten Wolkenbildern, in Ihrem Bücherregal stehen wird.

In diesem Sinne darf ich mich als Ihr Reisebegleiter von Ihnen verabschieden. Ich bedanke mich fürs Lesen und wünsche Ihnen viel Spaß beim Wolkenbeobachten. Es würde mich sehr freuen, wenn Ihnen dieses Büchlein dabei behilflich sein könnte.

Ihr
Hans Häckel

Literatur

BATTAN, L. J.: Cloud Physics – a Popular Introduction to Applied Meteorology. Dover Earth Science, New York 2003.

COSGROVE, B.: Das Wetter. Delius Klasing Verlag, Bielefeld 1999.

DE BONT, G.: Wolkenatlas. Deutsche Bearb.: Häckel, H. Ulmer Verlag, Stuttgart 1985.

DENTLER, F.-U. et al.: Der kleine Wolkenatlas: Beschreibung – Entstehung – Vorkommen – Regeln. DSV-Verlag, Hamburg 2010.

Deutscher Wetterdienst (Hrsg.): Internationaler Wolkenatlas. Lizenzausgabe des „International Cloud Atlas", Vol. II; WMO, Genf. Selbstverlag Deutscher Wetterdienst, Offenbach/Main 1990.

HÄCKEL, H.: Meteorologie. UTB 1338. Ulmer Verlag, Stuttgart 2016.

HÄCKEL, H.: Wetter & Klimaphänomene (Ulmer Naturführer). Ulmer Verlag, Stuttgart 2007.

HAMBLYN, R.: Die Erfindung der Wolken. Insel Verlag, Frankfurt/M. 2001.

HAMBLYN, R.: Spektakuläre Wolken – Himmelsphänomene von bezaubernd bis bizarr. Delius Klasing Verlag, Bielefeld 2010.

HAMBLYN, R.: Welche Wolke ist das?: Wetter, Wolken und Himmelsphänomene erkennen und beobachten. Franckh Kosmos Verlag, Stuttgart 2009.

HELLING, C.: Wolken. Primus Verlag, Darmstadt 2013.

LORENZ, D., MILLER, M.: Das 3-D-Wolkenbuch. Fachbuchverlag Wittig, Hückelhoven 1991.

MINNAERT, M.: Licht und Farbe in der Natur. Birkhäuser Verlag, Basel, Boston, Berlin 1992.

MÜHR, B., BERBERICH, W.: Der Wolkenatlas und ein Ausflug in die Astronomie. Kunstschätzeverlag, Gerchsheim 2008.

NATTER, G., SMOLA, F.: Wolken: Welt des Flüchtigen. Hatje Cantz Verlag, Berlin 2013.

PRETOR-PINNAY, G.: The Cloudspotter's Guide. Sceptre, London 2007.

PRETOR-PINNEY, G.: The Cloud Collector's Hand Book. Chronicle Books, San Francisco 2011.

PRETOR-PINNEY, G.: Wolken, die aussehen wie Dinge. Riva Verlag, München 2013.

RODEWALD, M.: Die Wolken in der Deutschen Dichtung. Selbstverlag, Hamburg 1981.

SÖNNING, W., KEIDEL, C.G.: Wolkenbilder Wettervorhersage. BLV-Verlag, München 2015.

Spielmann, H., Westheider, O. (Hrsg.): Wolkenbilder – Die Entdeckung des Himmels. Publikationen des Bucerius Kunst Forums. Hirmer-Verlag, München 2004.

WATTS, A.: Das Wetter in Bildern – Wettervorhersage nach Wolkenfotos. Verlag Delius Klasing, Bielefeld 2016.

WERNER, B.: Fotografieren mit Wind und Wetter: Wetter verstehen und spektakulär fotografieren. Rheinwerk Verlag, Bonn 2017.

WIEDERSICH, B.: Taschenatlas Wetter. Klett-Perthes-Verlag, Gotha 2006.

Internet

www.wolkenatlas.de (Der Karlsruher Wolkenatlas)
www.meteoros.de (Homepage des Arbeitskreises Meteore e.V.)
www.wolken-online.de
www.wmocloudatlas.org (World Meteorologic Organization. International Cloud Atlas. WMO-No.407, 2017.)
www.dwd.de (Deutschsprachige Ausgabe des Internationalen Wolkenatlas von 1990, siehe Seite 27)
http://cloudappreciationsociety.org
https://de.wikipedia.org/wiki/Wolke
https://de.wikipedia.org/wiki/Wolken

Bildquellen

Die Fotos und Grafiken stammen bis auf die folgenden vom Autor.

Titelfoto, Buchrückseite: Oleg Golovnev/Shutterstock.com
Arbeitskreis Meteore e.V.: Claudia Hinz: S. 2, 68, 72 links unten, 75, 143, 168 unten, 169, Volker Lau: S. 144, Günter Röttler: S. 66
Stefan Bauer: S. 50
Ingo Bertram: S. 81
S. Brinkop: S. 165 unten
Franz Eberth: S. 94
Fritz Duhme: S. 126
Ute Esser: S. 97
Wolfgang Etzel: S. 43, 56, 72, 76, 98, 133, 150, 167, 181 (2)
Franz Fiedler: S. 86
Foto Schweiz Tourismus: S. 176
Raimo Gareis: S. 85
Eva-Maria Götz: S. 134
Gräfe und Unzer (Ernst Neukamp): S. 175
Bernt Hoffmann: S. 146
Pavel Holous: S. 135
Ernst Hutsteiner S. 135
Eva-Maria Klink: S. 183
Franz Xaver Kohlhauf: S. 149
Christoph Kottmeier: S. 116
Manfred Kristen: S. 123
Don und Jennie Lloyd: S. 171
Dieter Lorenz: S. 61 (2), 80 (2), 108 (2), 128 (2), 177 (2)
Richard Löwenherz: S. 147
Meteorologisches Observatorium Hohenpeißenberg: S. 163
Steve Morris: S. 153, 154
Bernhard Mühr: S. 18 oben, 46, 49, 52, 54 rechts, 57, 62, 63 (2), 64, 88, 89, 90, 91, 92, 93, 94, 113, 114, 115, 117, 121, 130 (4), 179
Wolf-Christian von der Mülbe: S. 180
Pekka Parviainen: S. 71
Jari Piikki: S. 145
Robert Schardt: S. 166
Olli Scherm: S. 127
Silke Schröder: S. 74
Miuki Shishido: S. 73
Walter Sönning: S. 162, 168 oben
Norbert Stadler: S. 120
Klaus-Jürgen Tenter: S. 72 links oben
Johannes Vergeiner: S. 164
Karl-Heinz Wagner: S. 132

Stichwortregister

Die in diesem Buch enthaltenen Empfehlungen und Angaben sind vom Autor mit größter Sorgfalt zusammengestellt und geprüft worden. Eine Garantie für die Richtigkeit der Angaben kann aber nicht gegeben werden. Autor und Verlag übernehmen keine Haftung für Schäden und Unfälle. Das Buch wendet sich ausschließlich an interessierte Laien und ersetzt keine Lehrbücher. Bitte setzen Sie bei der Anwendung der in diesem Buch enthaltenen Empfehlungen Ihr persönliches Urteilsvermögen ein.
Der Verlag Eugen Ulmer ist nicht verantwortlich für die Inhalte der im Buch genannten Websites.

Bibliografische Information der Deutschen Nationalbibliothek
Die Deutsche Nationalbibliothek verzeichnet diese Publikation in der Deutschen Nationalbibliografie; detaillierte bibliografische Daten sind im Internet über http://dnb.d-nb.de abrufbar.

Wollgrasweg 41, 70599 Stuttgart (Hohenheim)
E-Mail: info@ulmer.de
Internet: www.ulmer-verlag.de
Lektorat: Sabine Drobik, Ina Vetter, Antje Munk
Herstellung: Gabriele Wieczorek
Umschlag-Konzeption: Ruska, Martín, Associates GmbH, Berlin
Umschlag-Gestaltung: Antje Warnecke, norden-design, Appen
Satz: r&p digitale medien, Echterdingen
Druck und Bindung: Livonia, Riga
Printed in Latvia

ISBN 978-3-8186-0264-2